Eric Thomas

Software zur Simulation Neuronaler Netze

Eine Bewertung der Nutzerfreundlichkeit

Bibliografische Information der Deutschen Nationalbibliothek:

Die Deutsche Nationalbibliothek verzeichnet diese Publikation in der Deutschen Nationalbibliografie; detaillierte bibliografische Daten sind im Internet über http://dnb.d-nb.de abrufbar.

Impressum:

Copyright © ScienceFactory

Ein Imprint der GRIN Verlag, Open Publishing GmbH

Druck und Bindung: Books on Demand GmbH, Norderstedt, Germany

Coverbild: GRIN | Freepik.com | Flaticon.com | ei8htz

Inhaltsverzeichnis

Abkürzungsverzeichnis 5

Abbildungsverzeichnis 6

1 Einleitung 8

2 Biologische Grundlagen 10

    2.1 Die Nervenzelle 11

    2.2 Die Bestandteile eines Neurons 13

    2.3 Künstliche Intelligenz 14

    2.4 Die Geschichte künstlicher Intelligenz 15

3 Neuronale Netze 17

    3.1 Begriffliche Abgrenzung 17

    3.2 Neuronale Modelle 18

    3.3 Das Neuron 21

    3.4 Die Funktionsweise neuronaler Netze 21

    3.5 Der Lernalgorithmus 24

    3.6 Die Vernetzungsstruktur 26

    3.7 Die Berechnungsreihenfolge 26

    3.8 Die Optimierungsprobleme 27

    3.9 Die Propagierungsfunktion 27

    3.10 Die Aktivierungsfunktion 28

    3.11 Die Ausgabefunktion 28

    3.12 Der Netzwerkgraph 29

    3.13 Die Lernregeln 29

    3.14 Das Perzeptron 34

    3.15 Die Netztypen 37

    3.16 Anwendungsbeispiele neuronaler Netze 45

4 Usability **51**

    4.1 Definition Usability 51

    4.2 Usability-Probleme 53

    4.3 Usability-Engineering 54

    4.4 Methoden der Usability-Evaluation 54

5 Durchführung von Probanden-Tests mithilfe der Software MemBrain **65**

    5.1 Was ist MemBrain? 65

    5.2 Grundlagen 65

    5.3 Funktionsweise von MemBrain 66

    5.4 Beschreibung der Probanden-Tests 73

6 Zusammenfassung **76**

    6.1 Eigenschaften 76

    6.2 Grundlagen 76

    6.3 Lernregeln 77

    6.4 Netztypen 77

    6.5 Anwendungen 77

    6.6 Verifizierung der Masterthesis 78

Literaturverzeichnis **79**

Anhang **83**

    Fragebogen 83

    Beobachtungsprotokoll 85

Abkürzungsverzeichnis

KI   Künstliche Intelligenz

KNN Künstliche Neuronale Netze

Abbildungsverzeichnis

Abb. 1: Schematischer Aufbau eines Neurons (Vgl. Scherer, Andreas (1997): Neuronale Netze: Grundlagen und Anwendungen. Seite 33.) 11

Abb. 2: Möglichkeiten der Verschaltung von Neuronen (Vgl. Scherer, Andreas (1997): Neuronale Netze: Grundlagen und Anwendungen. Seite 34.) 12

Abb. 3: Der Aufbau einer Nervenzelle (Vgl. Ziegler, Wolfgang (2015): Neuronale Netze. Seite 1.) 13

Abb. 4: Vorwärtsgerichtete und rückgekoppelte Topologien (Vgl. Braun, Heinrich (1997): Neuronale Netze. Optimierung durch Lernen und Evolution. Seite 9.) 19

Abb. 5: Winner-takes-all-Netze mit lateraler Inhibition in der Wettbewerbsschicht (Vgl. Braun, Heinrich (1997): Neuronale Netze. Optimierung durch Lernen und Evolution. Seite 9.) 20

Abb. 6: Aufbau eines biologischen Neurons (schematisch) (Vgl. Füser, Karten (2013): Neuronale Netze in der Finanzwirtschaft. Innovative Konzepte und Einsatzmöglichkeiten. Seite 12.) 22

Abb. 7: Modelle Vernetzungsstrukturen (Vgl. Braun, Heinrich / Feulner, Johannes / Malaka, Rainer (1996): Praktikum Neuronale Netze. 1996. Seite 3.) 26

Abb. 8: Übersichtstabelle der Lernregeln (Vgl. In: Neuronale Netze. Eine Einführung. Druckversion der Internetseite www.neuronalesnetz.de. Seite 23. Stand: 01.08.2017.) 34

Abb. 9: Schematische Darstellung eines Perzeptrons (Vgl. Nauck, Detlef D. / Klawonn, Frank / Kruse, Rudolf (1994): Neuronale Netze und Fuzzy-Systeme: Grundlagen des Konnektionismus, Neuronaler Fuzzy-Systeme und der Kopplung mit wissensbasierten Methoden. Seite 39.) 35

Abb. 10: Diverse Arten von Rückkopplungen (In: Willig, Hans-Peter (2010): http://www.biologie-seite.de/Biologie/Rekurrentes_neuronales_Netz. (Stand: 01.08.2017) 39

Abb. 11: Beispiel des Aufbaus eines Jordan-Netzes (In: Cleve, Jürgen / Lämmel, Uwe (2012): Künstliche Intelligenz. Seite 248.) 41

Abb. 12: Die Grundstruktur eines kompetitiven Netzwerkes (In: Rösler, Frank (2011): Psychophysiologie der Kognition: Eine Einführung in die Kognitive Neurowissenschaft. Seite 39.) 43

Abb. 13: Schematische Darstellung eines 2-dimensionalen Kohonen-Netzes (In: Neuronale Netze. Eine Einführung. Druckversion der Internetseite www.neuronalesnetz.de. Seite34. Stand: 01.08.2017.) 44

Abb. 14: Übersichtstabelle aller Netztypen (In: Neuronale Netze. Eine Einführung. Druckversion der Internetseite www.neuronalesnetz.de. Seite 38. Stand: 01.08.2017)..45

Abb. 15: Fotos von Erdbeeren unter verschiedenen Beleuchtungsumgebungen (In: Neuronale Netze. Eine Einführung. Druckversion der Internetseite www.neuronalesnetz.de. Seite 46. (Stand: 07.08.2017)....................46

Abb. 16: Die Gruppierung der Evaluationsmethoden (In: Daab, Theresa (2012): Methoden der Usability Evaluation: Wissenschaftliche Grundlagen und praktische Anwendung anhand von Fallbeispielen. Seite 4.)................55

Abb. 17: Der Ablauf der heuristischen Evaluation (In: Daab, Theresa (2012): Methoden der Usability Evaluation: Wissenschaftliche Grundlagen und praktische Anwendung anhand von Fallbeispielen. Seite 5.)................56

Abb. 18: Der Ablauf des Cognitive Walkthrough (In: Daab, Theresa (2012): Methoden der Usability Evaluation: Wissenschaftliche Grundlagen und praktische Anwendung anhand von Fallbeispielen. Seite 7.)................57

Abb. 19: Darstellung der wichtigsten Aspekte eines Fragebogens (Jotz, Melanie (2016): Fragebögen als Ergänzung des Usability Tests, In: Forschungsbeiträge der eResult GmbH. In: http://www.eresult.de/ux-wissen/forschungsbeitraege/einzelansicht/news/frageboegen-als-ergaenzung-des-usability-tests/ (Stand: 04.08.2017))................61

Abb. 20: Erstellung einer Unit mittels MemBrain (eigene Darstellung)................68

Abb. 21: Drei Units in MemBrain (eigene Darstellung)................69

Abb. 22: Drei miteinander verbundene Units in MemBrain (eigene Darstellung)............70

Abb. 23: Wahrheitstabelle für das Oder-Gatter (eigene Darstellung)................71

Abb. 24: Fehlerkurve des neuronalen Netzes für die ersten ca. 100 Durchläufe (Vgl. In: Neuronale Netze. Eine Einführung. Druckversion der Internetseite www.neuronalesnetz.de. Seite 67. (Stand: 01.08.2017)................72

1 Einleitung

Im Rahmen des Studiengangs Informationsdesign und Medienmanagement im Fachbereich Wirtschaftswissenschaften und Informationswissenschaften an der Hochschule Merseburg ist eine Masterthesis in entsprechenden Umfang zu analysieren, um einen erfolgreichen Abschluss zu erlangen. Als Thema dieser Arbeit wurde die „Dokumentation und Usability-Evaluation von Softwarelösungen zur Simulation neuronaler Netze" gewählt. Das grundlegende Ziel innerhalb der Untersuchung war es, mithilfe einer geeigneten Software auf einfachstem Wege sogenannte neuronale Netze zu erstellen. Zur Umsetzung dieses Vorhabens wurde sich auf das Programm „Mem-Brain" fokussiert. Diese Software ist kostenlos und auf jedem beliebigen Rechner installierbar.

Nach einer Einleitung in die Thematik werden zunächst einmal die biologischen Grundlagen der Problematik abgehandelt. Im Rahmen dessen findet zuerst eine begriffliche Abgrenzung statt. Darauffolgend schließen sich die Vorstellung einer Nervenzelle sowie die Beschreibung der Bestandteile eines Neurons an. Außerdem wird ein grundlegender und geschichtlicher Einblick in das Themengebiet der künstlichen Intelligenz gegeben.

Als erster Hauptpunkt der Arbeit wird das Themengebiet der neuronalen Netze vorgestellt und erläutert. Hierbei werden die einzelnen verschiedenen Arten neuronaler Netze sowie die Lernregeln, welche in Bezug auf diese Netze angewandt werden, vorgestellt. Im Zusammenhang damit rückt auch das sogenannte Perzeptron in den Fokus. Um die Problematik abzurunden, werden zwei Anwendungsbeispiele derartiger Netzwerke im Grundlegenden präsentiert und erörtert.

Darauffolgend schließt sich der zweite theoretische Bestandteil der Thesis an, nämlich die Nutzbarkeit (Usability). Hierbei werden nach einer Definition und einer Einordnung der Begrifflichkeit die einzelnen Methoden für Usability-Evaluationen dargeboten. Der Fokus liegt diesbezüglich auf den Fragebögen, da sie das Medium der Usability-Tests darstellen, welche in dieser Arbeit vorgestellt und beschrieben werden.

Im Anschluss daran folgt der praktische Teil der Abhandlung. Innerhalb der Ausarbeitung wurden insgesamt sieben Probanden-Tests durchgeführt. Die Testpersonen, zum Teil wenig Vorwissen im Bereich neuronale Netze und Elektrotechnik besitzend, sollten mithilfe der Software „MemBrain" auf möglichst einfache Weise derartige Netze erstellen und die bestehenden Lernregeln anwenden. Innerhalb dieses Unterpunkts der Masterarbeit wird zunächst erklärt, wobei es sich bei

MemBrain handelt. Außerdem werden die einzelnen elementaren Funktionen vorgestellt.

Im Anschluss an den praktischen Teil folgt abschließend noch die Zusammenfassung der Thematik neuronaler Netze. Außerdem erfolgt die Verifizierung der Masterthesis.

2 Biologische Grundlagen

In diesem Themenpunkt sollen die Grundlagen neuronaler Netze auf biologischer Ebene beleuchtet werden. Unter diesem Gesichtspunkt sind lediglich die Prinzipien, welche im Zusammenhang mit der Verarbeitung von Informationen existieren, vorzustellen. Im Zuge dieses Kapitels werden die Hauptmerkmale neuronaler Netze beschrieben. Des Weiteren wird der Bezug zu gleichartigen mathematischen Modellen hergestellt. Danach schließt sich die Beschreibung des Aufbaus einer Nervenzelle und deren Funktionalität an. Infolgedessen wird die Weiterleitung von Informationen innerhalb der neuronalen Netze erläutert. Zuletzt werden die Prinzipien der Organisation von vielschichtigen Neuronen-Systemen erklärt.[1]

Der eigentliche Ursprung von neuronalen Netzen liegt im Bereich der Biologie. Diese Netze besitzen grundsätzlich eine Ähnlichkeit zum Gehirn von Säugetieren. Die Funktion derartiger künstlicher neuronaler Netze liegt in der Informationsverarbeitung. Sie setzen sich aus einer hohen Anzahl von Neuronen zusammen. Dies sind einfache Einheiten, welche sich mithilfe einer Aktivierung der Neuronen über gerichtete, gewichtete Verbindungen Informationen zusenden. Neuronale Netze stellen massiv parallele, lernfähige Systeme dar, die Aufgaben eigenständig unter Verwendung von Trainingsbeispielen erlernen können.[2]

---

[1] Vgl. Scherer, Andreas (1997): Neuronale Netze: Grundlagen und Anwendungen. Seite 33.
[2] Vgl. Friedrich, Andreas (2004): Neuronale Netze: Theoretische Grundlagen und Anwendung in der Verkehrszeichenerkennung. Seite 1.

2.1 Die Nervenzelle

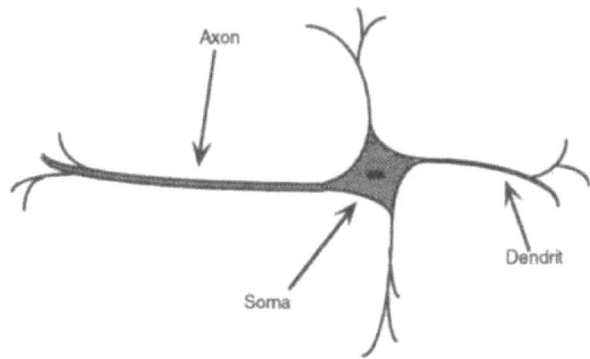

Abb. 1: Schematischer Aufbau eines Neurons (Vgl. Scherer, Andreas (1997): Neuronale Netze: Grundlagen und Anwendungen. Seite 33.)

Als grundlegende Bestandteile eines Nervensystems sind die Nervenzellen (Ganglienzellen, Neurone) zu nennen. Um einen genauen Wert in Bezug auf die Anzahl der Neuronen innerhalb des menschlichen Nervensystems festzulegen, lässt sich der Wert $2,5 \times 2^{10}$ wählen. Im Großen und Ganzen lässt sich feststellen, dass der Aufbau einer Nervenzelle mit dem Aufbau anderer Zelltypen vergleichbar ist. Der elementare Bestandteil hierbei ist die Zellmembran. Diese umgibt die Zellflüssigkeit (Cytoplasma) und den Zellkern. Die Zusammensetzung einer Nervenzelle ist in der nachfolgenden Grafik dargestellt:[3]

---

[3] Vgl. Scherer, Andreas (1997): Neuronale Netze: Grundlagen und Anwendungen. Seite 33-34.

Biologische Grundlagen

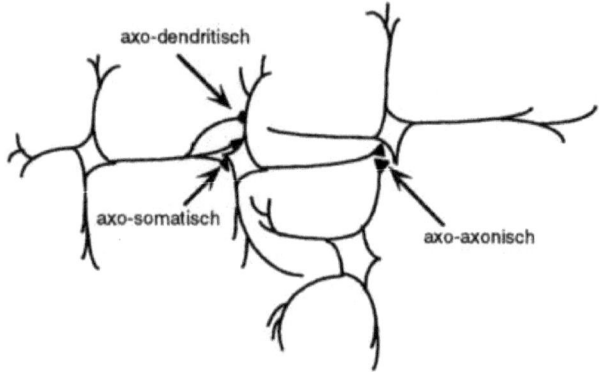

Abb. 2: Möglichkeiten der Verschaltung von Neuronen (Vgl. Scherer, Andreas (1997): Neuronale Netze: Grundlagen und Anwendungen. Seite 34.)

Dem menschlichen Gehirn ist ein erfahrungsbasierendes Lernen, ohne den Gebrauch von direkten Anweisungen, möglich. Seit Existenz der Informatik in Form einer wissenschaftlichen Disziplin wird innerhalb dieses Bereichs stets das Ziel verfolgt, eine Nachahmung und Simulation des Prozesses, mithilfe von elektronischen Ressourcen, zu erreichen. An dieser Stelle wird den neuronalen Netzen eine besondere Wichtigkeit zugeschrieben, denn diese können mit einem menschlichen Gehirn verglichen werden, dessen Neuronen rein schematisch vergleichbar sind.

Zur Abgrenzung der Thematik soll zunächst in künstliche und natürliche neuronale Netze unterschieden werden. Um eine grundlegende Einführung zu leisten, ist eine Abhandlung der biologischen Grundsätze und der Funktionsweise natürlicher Neuronen vonnöten. Das Prinzip, was hinter der Funktionsweise von Nervenstellen erkennbar wird, lässt sich ziemlich passend auf ein Softwaremodell übertragen.

Im Allgemein lässt sich ein natürliches Neuron in folgende Bestandteile aufteilen:

- Zellkörper
- Dendriten (gr. Dendrom, Baum)
- Axon (gr. Axon, Achse)

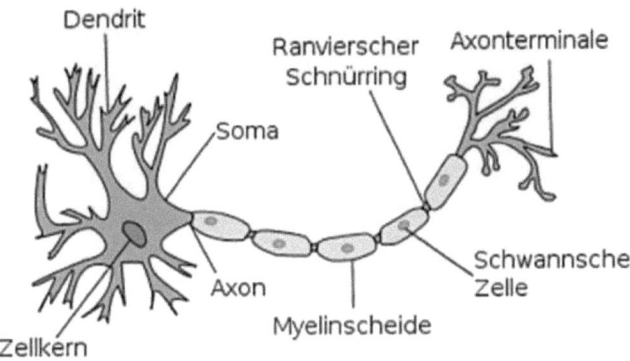

Abb. 3: Der Aufbau einer Nervenzelle (Vgl. Ziegler, Wolfgang (2015): Neuronale Netze. Seite 1.)

Die Dendriten eines Neurons und das Axon eines folgenden Neurons bilden den synaptischen Spalt und stellen die Verbindung zwischen den Nervenzellen dar. Außerdem werden dadurch der Austausch von Informationen sowie der grundlegende Lernprozess des Gehirns realisierbar. Eines der Neuronen kann in diesen Fall mit dessen Dendriten ankommende Signale aufnehmen. Diese Signale werden dann über das Axon innerhalb des Neurons weitergeleitet, was über elektrische Impulse erfolgt. Die aufsummierten elektrischen Impulse werden am Axon danach in ein chemisches Signal umgewandelt. Dies erfolgt durch die Ausschüttung bestimmter Botenstoffe, genannt Neurotransmitter. Kommt es zur Überschreitung des Schwellenwerts der ausgeschütteten Botenstoffe, tritt eine elektrische Stimulation und Impulsbildung an den Dendriten der nachfolgenden Nervenzelle ein. Daraus resultierend wird entschieden, ob eine Weitergabe des jeweiligen Signals stattfindet oder nicht. Infolgedessen konnte eine Abhängigkeit in Bezug auf den Informationsaustausch zwischen Neuronen von diesen synaptischen Faktoren der Übertragung festgestellt werden. Dazu zählen auch die Lernvorgänge.[4]

2.2 Die Bestandteile eines Neurons

Wenn der Aufbau eines Neurons innerhalb der funktionellen Ebene erklärt werden soll, lassen sich vier Komponenten nennen:
- Soma (Stellt den Zellkörper eines Neurons dar.)

---

[4] Vgl. Ziegler, Wolfgang (2015): Neuronale Netze. Seite 1-2.

- Axon (Ein Axon verbindet die einzelnen Neuronen im zentralen Nervensystem miteinander.)
- Dendriten (Ermöglichen die Aufnahme von Reizen.)
- Synapse (Eine Synapse dient zur Verbindung eines Axons mit einer anderen Zelle.)[5]

2.3 Künstliche Intelligenz

Das Themengebiet der künstlichen Intelligenz weist ein außerordentlich hohes Interesse auf. Der Hauptgrund dafür ist, dass der Mensch mithilfe genau dieser, ihm eigenen Intelligenz, ein besonderes Alleinstellungsmerkmal unter allen Lebewesen aufweist. Es soll geklärt werden, was sich unter Intelligenz überhaupt verbirgt oder wie diese zu messen ist. Aber auch die Frage nach der Funktionsweise des menschlichen Gehirns vermag geklärt zu werden. Beispielsweise interessiert einen Informatiker die Konstruktion einer sogenannten intelligenten Maschine. Diese soll in der Lage sein, intelligentes Verhalten zu besitzen. Dadurch soll diese Maschine ein menschenähnliches Verhalten simulieren können.

Bei Betrachtung des Wortes „künstlich" liegt der Fokus auf Robotern, die Intelligenz aufweisen. Damit sind menschliche Emotionen wie beispielsweise verschiedene Ängste verbunden. Im Zusammenhang hiermit ist zu überlegen, ob es überhaupt notwendig ist, etwas derart Komplexes wie das Gehirn, zu begreifen oder sogar nachzukonstruieren.

Dadurch, dass für die Begrifflichkeit „Künstliche Intelligenz" auf diverse Art und Weise interpretierbar ist, kann nur sehr schwer von einer einheitlichen Definition gesprochen werden. Um nur eine mögliche Definition anzugeben, ist einer Wegbereiter der KI, John McCarthy zu nennen. Dieser definierte 1955 wie folgt:[6]

„Ziel der KI ist es, Maschinen zu entwickeln, die sich verhalten, als verfügten sie über Intelligenz."[7]

---

[5] Vgl. Scherer, Andreas (1997): Neuronale Netze: Grundlagen und Anwendungen. Seite 34.
[6] Vgl. Ertel, Wolfgang (2016): Grundkurs Künstliche Intelligenz. Eine praxisorientierte Einführung. Seite 1.
[7] Vgl. Ebd. Seite 1.

2.4 Die Geschichte künstlicher Intelligenz

Der Wunsch nach künstlicher Intelligenz und somit der Erzeugung von neuronalen Netzen existiert seit mehr als eintausend Jahren. Die ersten Aufzeichnungen über die Erklärung der Funktionsweise des menschlichen Gehirns gehen bis circa 3000 v. Chr. zurück. Die ersten Dokumentationen der jüngeren Jahrhunderte stammen von W. James (1890) und A. Turing (1936), welche das menschliche Gehirn als Exempel für einen Computer betitelten. Dennoch sind als erste wirkliche Wegbereiter W.S. McCulloch und W. Pitts zu nennen. Diese beiden Wissenschaftler entwickelten im Jahre 1943 das mathematische Modell eines Neurons. Hierbei wurde, stark simplifiziert, mithilfe einer Zelle erklärt, dass innerhalb eines Gehirns dieselbe Logik vonstattengeht, wie auch bei einem Computer. Sechs Jahre später, 1949, wurde bekannt, dass den Zellen die Fähigkeit des Lernens zugeschrieben werden kann. Eine Lernregel hierzu stammt von dem kognitiven Psychobiologen D.O. Hebb. Ein weiteres wichtiges Modell in der Geschichte von neuronalen Netzwerken ist das so bezeichnete Perzeptron. Dieses beschreibt die Möglichkeit ein adaptives klassifizierendes System zu entwickeln. Es stammt von F. Rosenblatt aus dem Jahre 1958. Trotz dieser erfolgsversprechenden Ergebnisse der Wissenschaftler, geriet die Thematik fast in Vergessenheit. Danach wurde bis ins Jahr 1985 nicht tiefgründig weitergeforscht. In diesem Jahr setzte sich dann der Error-Backpropagation-Algorithmus durch, worunter eine mathematische Technik von D. Rumelhart und G. Hinton zu verstehen ist. Diese sogenannte Backpropagation ermöglicht es, den komplizierten, verzwickten Netzen ein bestimmtes Verhalten zu beschaffen. Hieraus resultierend stieg das Interesse in diesem Gebiet wieder maßgeblich an.[8]

Die große Beliebtheit von neuronalen Netzen existiert, da mit deren Hilfe bestimmte Aufgabenstellungen erschlossen werden können, deren Bearbeitung mit sonstigen Methoden nicht möglich gewesen wären. Innerhalb der meisten Streitfragen, welche den Mensch betreffen, ist keine direkt algorithmische Formulierung möglich. Um solche Probleme zu lösen, steht in Form von neuronalen Netze eine gute Alternative zu Verfügung und bietet damit komplett neue Möglichkeiten. Zum einen ist dabei zu nennen, dass es nicht mehr notwendig ist, Systeme zu programmieren, da diese in der Lage sind, von allein zu lernen. Um dazu ergänzend

---

[8] Vgl. Ertel, Wolfgang (2016): Grundkurs Künstliche Intelligenz. Eine praxisorientierte Einführung. Seite 15-16.

die wichtigsten Merkmale von neuronalen Netze aufzählen, ist von Generalisierbarkeit, Fehlertoleranz und der unscharfen Informationsverarbeitung die Rede. Gegenwärtig ist ein sehr hoher Wissensstandpunkt in Bezug auf die neuronalen Netze erreicht wurden. Tiefgründige Fortschritte konnten innerhalb von diversen Standardanwendungen in verschiedenen Bereichen innerhalb der letzten Jahre erzielt werden. Dies ist auch nicht zuletzt der sehr schnellen Entwicklung innerhalb der Computerindustrie geschuldet. Aktuell findet die Mehrheit der neuronalen Netze ihre Anwendung in sequentiellen Programmen, wodurch sie auf den Arbeitsoberflächen von Computer angewandt werden. Jedoch ist es den neuronalen Netzen nicht möglich, hierbei eine wichtige Funktion dabei anzuwenden, nämlich ihre Parallelität. Das heißt, es können nicht mehrere Berechnungsvorgänge gleichzeitig stattfinden, sondern nur nacheinander.[9]

---

[9] Vgl. Ebd. Seite 16-17.

3 Neuronale Netze

Der Ursprung innerhalb des Themengebietes der neuronalen Netze fand bereits im Jahr 1943 statt, als die Forscher W. McCulloch und W. Pitts das allererste Neuronen-Modell präsentierten. Innerhalb der fünfziger und sechziger Jahre gab es zahlreiche und tiefgründige Untersuchungen in diesem Bereich. Jedoch erfuhren sie in den sechziger Jahren einen wesentlichen Verlust an Interesse, da eine rasante Entwicklung im Bereich der Künstlichen Intelligenz (KI) Einzug nahm. Diese Entwicklung änderte sich allerdings erneut gegen Mitte der achtziger Jahre, da nun das Ziel verfolgt wurde, mithilfe neuronaler Netze bestimmte Problemstellungen innerhalb des Arbeitsbereichs der KI zu lösen. Im nächsten Unterpunkt der Arbeit sollen die besonderen Merkmale neuronaler Netze beschrieben werden.[10]

3.1 Begriffliche Abgrenzung

Aufgrund diverser inhaltlicher Gesichtspunkte und der ständigen Entwicklung des Forschungsgebietes, konnte noch keine einheitliche Begrifflichkeit für neuronale Netze gegeben werden. Es lassen sich einige weitere Bezeichnungen feststellen. Dazu zählen beispielsweise neurale Netze, künstliche neurale Netze oder konnektionistische Modelle. Zusätzlich zu der Feststellung von diversen Begriffen in der Forschung, ist innerhalb dieser Thematik auch von unterschiedlichen Zielen und Themenschwerpunkten die Rede.

In diesem Zusammenhang lässt sich von

- dem deskriptiven
- dem normativen und
- dem pragmatischen Ansatz

sprechen.

Bei Betrachtung des deskriptiven Ansatzes ist der Hauptaspekt in der Gleichheit neuronaler Netze im biologischen Zusammenhang festzustellen. Das Ziel der Modelle, eine reibungslose Funktionsweise zu erreichen, lässt erforderliche Ände-

---

[10] Vgl. Braun, Heinrich / Feulner, Johannes / Malaka, Rainer (1996): Praktikum Neuronale Netze. Seite 1.

rungen an unbekannten Eigenschaften des biologischen Systems realisierbar machen.

Das Themengebiet der Betrachtung der mathematischen und statistischen Hintergründe ist durch den normativen Ansatz beschrieben. In diesem Zusammenhang werden vergleichbare Techniken analysiert.

Unter dem pragmatischen Ansatz wird die Sichtweise der Datenverarbeitung in Bezug auf neuronale Netze verstanden. Zu den Kernaufgaben in diesem Bereich zählen die Lernfähigkeit, Fehlertoleranz, Mustererkennungsfähigkeit. Mithilfe dieser Aspekte können intelligente Systeme erzeugt werden, welche eine korrekte und gute Aufgabenlösung ermöglichen.[11]

3.2 Neuronale Modelle

Unter den sogenannten neuronalen Netzmodellen sind im Allgemeinen Schaltkreise zu verstehen, welche Neuronen in Form von Gattern besitzen. Im biologischen Sinne besteht ein solches Neuron aus einer Anzahl von Eingängen und einem Ausgang, beziehungsweise, einer Ausgabe. Bezogen auf die Eingänge lässt sich ein Vergleich mit der Biologie ziehen. Hierbei sind die Synapsen gemeint. Diese fungieren als feste Kontaktpunkte eines Neurons, in Bezug auf den Dendritenbaum des Neurons. Im Gegensatz dazu bezeichnet man die Ausgabe biologisch als Axon.[12]

Prinzipiell ist zu sagen, dass es unendlich viele Eingänge in einem neuronalen Netz geben kann. Daraus resultierend ist es möglich, dass jedes Neuron eine Eingabe erhalten könnte. Dies wiederum bedeutet, dass es die Ausgabe eines jeden einzelnen, anderen Neurons empfangen kann.

Jedes Neuron verfügt über eine sogenannte Berechnungsfunktion. Diese besteht zum einen aus einer linearen Funktion und zum anderen aus einer nichtlinearen Funktion bezüglich der Ausgabe.[13]

---

[11] Vgl. May, Constantin (1996): PPS mit Neuronalen Netzen: Analyse unter Berücksichtigung der Besonderheiten der Verfahrensindustrie. Seite 74-75.
[12] Vgl. Braun, Heinrich (1997): Neuronale Netze. Optimierung durch Lernen und Evolution. Seite 7.
[13] Vgl. Braun, Heinrich (1997): Neuronale Netze. Optimierung durch Lernen und Evolution. Seite 7.

„Der lineare Anteil ist die gewichtete Summe der Eingaben abzüglich einer Schwelle und wird beim Neuron durch die Gewichte (Verbindungsstärke der Synapse für die Eingabe vom Neuron an ein anderes Neuron) und die Schwelle, spezifiziert."[14]

Zur Darstellung einer Ausgabefunktion dienen beschränkte Funktionen, welche sich im eindimensionalen Zustand befinden. Es existieren hierbei verschiedene Funktionstypen.

Der erste Typ heißt deterministisch. Hierzu zählen folgende Funktionen:

- Die Stufenfunktion
- Die Rampenfunktion
- Die sigmoide Funktion
- Die Gauß-glockenförmige Funktion

Der zweite Typ nennt sich stochastisch. Hierzu kann die sogenannte sigmoide Verteilungsfunktion erwähnt werden.[15]

Bezüglich des Aufbaus eines solchen neuronalen Netzwerkes ist zwischen vorwärtsgerichteten (azyklischen) und rückwärtsgerichteten (rückgekoppelten) Schaltkreisen zu differenzieren. Das sogenannte Multilayer Perceptron ist als Exempel für vorwärtsgerichtete Netze aufzuführen, während Hopfield-Netze und die Boltzmann-Maschine die rückgekoppelten Netze repräsentieren.

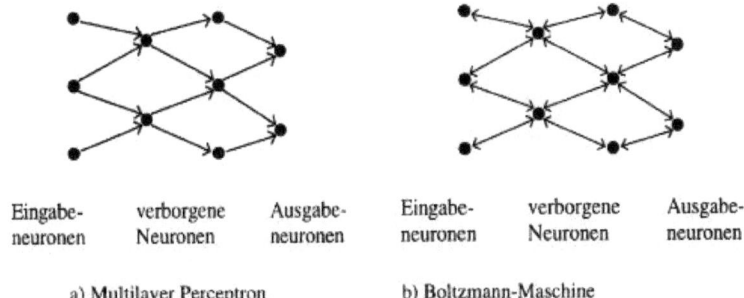

Eingabe-   verborgene   Ausgabe-   Eingabe-   verborgene   Ausgabeneuronen   Neuronen   neuronen   neuronen   Neuronen   neuronen

a) Multilayer Perceptron   b) Boltzmann-Maschine

Abb. 4: Vorwärtsgerichtete und rückgekoppelte Topologien (Vgl. Braun, Heinrich (1997): Neuronale Netze. Optimierung durch Lernen und Evolution. Seite 9.)

---

[14] Vgl. Ebd. Seite 8.
[15] Vgl. Ebd. Seite 8.

Eine Differenzierung in asymmetrische und symmetrische Konnektivität ist für rückgekoppelte Netzwerke zu beachten. Die symmetrischen Topologien minimieren die Energiefunktion, was auch als sogenannte Relaxation beschrieben wird. Im Gegensatz dazu spricht man während des Vorgangs der assoziativen Speicherung einer Sequenz von den asymmetrischen Rückkopplungen.

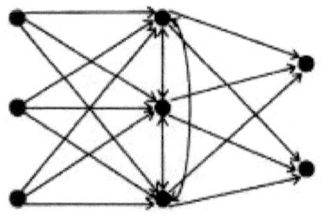

Eingabe-   Wettbewerb   Ausgabeneuronen   neuronen

Abb. 5: Winner-takes-all-Netze mit lateraler Inhibition in der Wettbewerbsschicht (Vgl. Braun, Heinrich (1997): Neuronale Netze. Optimierung durch Lernen und Evolution. Seite 9.)

Des Weiteren kann ein Schaltkreis im modularen Sinne aus den azyklischen und rückgekoppelten Bestandteilen bestehen.[16]

Die Funktion, die mithilfe eines neuronalen Netzes ermittelt wird, charakterisiert sich aus einer Eingabe, an welcher das Eingabeneuron lokalisiert ist. Innerhalb dieses Prozesses werden alle Neuronen, plus deren Ausgabewerte, mehrfach berechnet. Im Anschluss daran kann die Ausgabe der zugehörigen Ausgabeneuronen erhalten werden. Bei der Betrachtung von azyklischen Netzwerken ist feststellen, dass die Eingabeneuronen keinerlei Eingangskanten und auch die Ausgabeneuronen keinerlei Ausgangskanten aufweisen. Im Kontrast hierzu ist diese Gegebenheit bei den rückgekoppelten Topologien nicht festzustellen. Bei allen verbleibenden Neuronen ist von sogenannten verborgenen Neuronen zu sprechen.[17]

---

[16] Vgl. Ebd. Seite 9.
[17] Vgl. Ebd. Seite 10.

3.3 Das Neuron

Als grundlegender Bestandteil von neuronalen Netzen ist das Neuron selbst zu nennen. Die dazwischenliegenden Objekte, die eine verbindende Eigenschaft zweier Neuronen besitzen, stellen die Gewichte dar, wobei keine Verbindung existiert, wenn das Gewicht den Wert "0" trägt. Um die Ausgabe zu berechnen, ist es notwendig, alle Einflüsse der anderen Neuronen zu gewichten und aufzusummieren. Letztendlich wird dann auf diese Summe eine Ausgabefunktion in nichtlinearer Form angewendet.

Die Ausgabewerte der Neuronenwerte bei einem neuronalen Netz können zwischen "0" und "1" liegen. Hierbei kommen die lineare Schwellfunktion und die sigmoide Funktion als Ausgabefunktion in Frage. Bei Verwendung von binären Werten, lässt sich als Ausgabefunktion eine Stufenfunktion oder eine thermodynamische Verteilungsfunktion anwenden. Neben der klaren Abgrenzung von analoger oder binärer Arbeitsweise, existieren zudem auch Mischformen, wenn beispielsweise die Eingabe analog und die Ausgabe binär fungiert. Insgesamt ist erkennbar, dass die Bestandteile Gewichtsmatrix, Schwellenwerte und Ausgabefunktion ein neuronales Netzwerk komplett und vollständig definieren.[18]

3.4 Die Funktionsweise neuronaler Netze

Die Kernidee in der Erstellung neuronaler Netze steckt im Vorhaben, menschliche Intelligenz und Denkvorgänge auf der Arbeitsoberfläche eines Computers nachzubilden. Bis heute arbeiten zahlreiche Wissenschaftler, teils aus unterschiedlichen Bereichen, an der Gewinnung von Erkenntnissen bezüglich der Arbeits- und Funktionsweise des Gehirns. Dabei ist ein direkter Vergleich von neuronaler Netzen auf künstlicher Ebene mit dem menschlichen Gehirn zu ziehen. Letztendlich soll das menschliche Handeln mithilfe eines Modells auf biologischer Basis nacherschaffen werden. Um dieses Vorhaben in die Tat umsetzen zu können, müssen jedoch zuerst einige weitere kritische Punkte geklärt werden.[19]

Das menschliche Gehirn, vor allem die Hirnrinde (Neokortex), definiert sich als Ausgangspunkt jeglicher Aktionen und intelligenter Denkweisen. Es ist als Ner-

---

[18] Vgl. Braun, Heinrich / Feulner, Johannes / Malaka, Rainer (1996): Praktikum Neuronale Netze. Seite 1.
[19] Vgl. Füser, Karsten (2013): Neuronale Netze in der Finanzwirtschaft. Innovative Konzepte und Einsatzmöglichkeiten. Seite 11.

venzellengewebe bekannt. Dieses Gewebe besteht auf den Quadratmillimeter gesehen aus etwa 100.000 Nervenzellen, die sehr dicht miteinander verbunden sind. Genau darunter ist die biologische Basis von künstlichen neuronalen Netzen zu verstehen. Es lässt sich hierbei von sogenannten „Recheneinheiten" reden.

Etwa 100 Milliarden dieser, sehr komplex miteinander verbundenen Neuronen, sind im menschlichen Gehirn zu finden. Die Forschungen der letzten Jahre und Jahrzehnte hat gezeigt, dass Gehirne eine parallele Struktur aufweisen, da ein einziges Neuron mit etwa 1.000 oder sogar 10.000 weiteren Neuronen verknüpft ist. Daraus resultierend beeindruckt es mit einer hohen Leistungsfähigkeit und einer enormen Schnelligkeit.

Im Allgemeinen besteht ein biologisches Neuron aus drei Bestandteilen, welche der Verarbeitung von Informationen dienen. Die erste Komponente ist der Dendritenbaum, welcher Informationen aufnehmen kann. Als Nächstes ist der Zellkörper (Soma) zu nennen. Dieser fungiert als verarbeitendes Element der Informationen. Als Letztes ist das Axon zu erwähnen, welches die vorher eingegangenen und verarbeiteten Informationen nun im letzten Schritt wieder aussendet.[20]

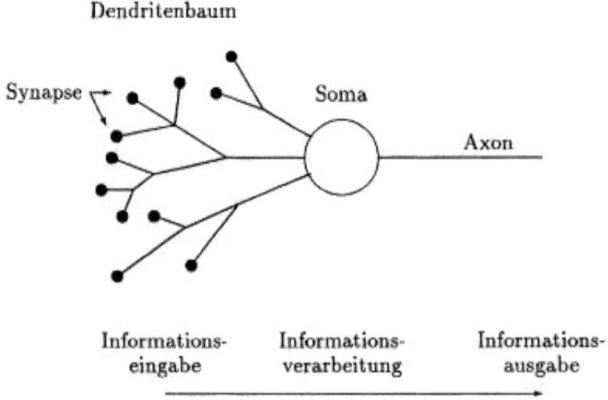

Abb. 6: Aufbau eines biologischen Neurons (schematisch) (Vgl. Füser, Karten (2013): Neuronale Netze in der Finanzwirtschaft. Innovative Konzepte und Einsatzmöglichkeiten. Seite 12.)

---

[20] Vgl. Ebd. Seite 12.

Das Axon ist eine lange schmale Nervenfaser, welche sich wiederum in zahlreiche weitere Zweige teilt. Es ist in der Lage, die Signale eines Neurons an weitere umliegende Neuronen zu senden. Diese Weiterleitung erfolgt mithilfe von elektrischer Ladung. Dabei haben die Synapsen eine hohe Bedeutung, da sie den Wirkungsgrad der sogenannten Übergangsstellen ausdrücken. Im Genaueren handelt es sich um die Intensität eines Signals, welche ein Neuron auf ein anderes Neuron ausgibt. Außerdem ist eine Synapse als Bindeelement zweier Neuronen und deswegen auch als Schnittstelle zu sehen. Es kann allerdings passieren, dass mittels des Axons Impulse an nachfolgende Neuronen weitergesendet werden. Das geschieht, wenn die eingehenden Informationen, welche an den Synapsen gewichtet werden, einen bestimmten Schwellenwert übersteigen. Hier wird das Signal in ähnlicher Form weiterverarbeitet.

Somit ist unter einem Neuron ein komplexer Prozessor zu verstehen, welcher alle eingehenden Signale zum einen verarbeitet, diese wieder ausgibt und letztendlich an weitere benachbarte Zellen verteilt.[21]

Bezüglich der Funktionsarten ist am Neuroneneingang zwischen zwei Synapsen zu unterscheiden. Den erregenden (exzitatorischen) und den hemmenden (inhibitorischen) Synapsen. Die Synapsen sind also Träger von Informationen und fungieren als Schalter, um den Austausch unter den Neuronen zu ermöglichen. Ergänzend dazu besitzen sie auch eine hohe Wichtigkeit in punkto des Lernens, welches bei der Anpassung der eingehenden Informationen von Neuronen vonstattengeht. Dahinter verbergen sich sogenannte synaptische Übertragungsfaktoren. Der grundlegende Aspekt ist im biologischen Sinne als auch bei künstlichen neuronalen Netzen innerhalb der Ausprägungen der synaptischen Übertragungsfaktoren eines Neurons zu sehen, welche aus dem Lernvorgang resultieren.[22]

> „Das Verhalten eines künstlichen Neurons hängt somit sowohl von Gewichten, den Synapsen, dem Lernmechanismus zur Anpassung der Synapsenstärken, als auch von deren Verarbeitungsfunktion ab. Die Funktionalität eines Neuronalen Netzes basiert folglich auf der Formulierung von Verarbeitungs- und Lernmechanismen für künstliche Neuronen, wobei deren geeigneter Zusammenschluß ein Neuronales Netz ausmacht."[23]

---

[21] Vgl. Ebd. Seite 13.
[22] Vgl. Ebd. Seite 14.
[23] Vgl. Ebd. Seite 14.

Dadurch lässt sich feststellen, dass die Nacherschaffung des menschlichen Gehirns sowie das Nachvollziehen dessen Funktionsweise, die Hauptgedanken bei der Entwicklung neuronaler Netze sind. Das Hauptaugenmerk liegt dabei auf dem Zusammenarbeiten hochgradig untereinander vernetzter Nervenzellen. Diese neuronalen Netze verfügen über rechnerische Vorgehensweisen, welche dem Gehirn eigen sind. Sie sind jedoch nicht direkt als Modell eines menschlichen Gehirns zu sehen.[24]

3.5 Der Lernalgorithmus

Künstliche neuronale Netze durchlaufen insgesamt zwei Stufen. In der ersten davon, der Arbeitsphase, wird das Netz in die Lage versetzt, nach der Verwertung aller Eingabewerte, aussagekräftige Ausgabewerte zu senden. Während dieser Arbeitsschritte werden alle Werte des Modells beibehalten. In der Trainingsphase findet jedoch keine Ergebnisausgabe statt. Hier werden vielmehr Spezifikationen des Modells anhand diverser Regeln getroffen.

Der komplette Lernvorgang umfasst nach der Anpassung des Modells:

- Das Erstellen und Entfernen von Verknüpfungen
- Das Erstellen und Entfernen von Neuronen
- Die Veränderung der Gewichte
- Die Veränderung der Neuronenspezifikation (Aktivierungsfunktion)

Die am meisten angewendete Methode bezüglich des Lernens ist die Gewichtsänderung. Wird das Gewicht hierbei auf den Wert 0 gesetzt, kann dies auch mit dem Wegfall von Verbindungen gleichgesetzt werden. Genau dieses Thema wird im nachfolgenden Text näher erläutert.[25]

Das Ziel bei diesem Lernprozess der neuronalen Netze ist, dass die Ausgabewerte in Bezug auf die Sollwerte eine so klein wie mögliche Fehleranfälligkeit aufweisen. Die Ermittlung dieser Fehler erfolgt mittels Fehler- bzw. Zielfunktion. Da eine anderweitige Anpassung der Gewichte nur sehr kompliziert zu realisieren ist, kommt es zum Einsatz von numerischen Verfahren. Im Zusammenhang damit wird ein Näherungsverfahren angewandt. Grundlegend gesehen ist eine Differen-

---

[24] Vgl. Ebd. Seite 14.
[25] Vgl. Rascher, Markus (2013): Künstliche neuronale Netze zur Risikomessung bei Aktien und Renten: Am Beispiel deutscher Lebensversicherungsunternehmen. Seite 44.

zierung in überwachte und nicht überwachte Lernverfahren zu treffen. Welche der beiden Algorithmen nun angewendet wird, ermittelt sich durch die Wahl der Netzwerkbeschaffenheit.

Nach einem Blick in die neuere Literatur wird deutlich, dass über das unüberwachte Lernen relativ wenig verfasst wurde, vielmehr liegt der Hauptfokus auf dem Verfahren des überwachten Lernens. Eine Hauptschwäche des unüberwachten Lernens ist es, dass hierbei keine Möglichkeit existiert, um an Soll-Ausgabewerte zu gelangen, welche für die Fehlerfindung des Netzes notwendig sind. Es ist lediglich machbar, bestimmte Ähnlichkeiten innerhalb der Eingabemuster festzustellen. Als Beispiel für ein solches unüberwachtes Verfahren ist die Hebb'sche Lernregel zu nennen. Laut dieser Regel wird das Gewicht zwischen Neuronen erhöht, wenn die Neuronen außerdem hochgradig aktiv sind.[26]

Bei dem überwachten Verfahren erfolgt das Lernen mittels Korrektur der Fehler. Dabei werden einem neuronalen Netz bestimmte Eingabewerte eingespeist und daraus resultierende Soll-Werte angestrebt. Daran anschließend wird mithilfe der Zielfunktion ein Vergleich zwischen angestrebten und wirklichen Ausgabewerten gezogen. Innerhalb der Trainingsphase existieren mehrere Eingabe- und Ausgabemuster, welche miteinander zusammenhängen. Im Rahmen dessen werden die Gewichte nach jedem Wertepaar verändert. Hierbei liegt eine Abhängigkeit der Differenz aus dem Ausgabewert und dem Sollwert vor. Erst dann wird mit dem nachfolgenden Wertepaar gearbeitet.

Als Beispiel für überwachte Verfahren kann, wie auch bei den unüberwachten Lernfahren, die Hebb'sche Lernregel genannt werden. Diese muss jedoch zunächst durch den Einsatz der Soll-Ausgangswerte aus den Trainingsdaten, auf die Überwachung abgestimmt werden. Innerhalb dieses Arbeitsschrittes kommt es gleich zur Ermittlung der Gewichte mittels der eingegeben Werte. Daraus lässt sich letztendlich feststellen, dass die Realisierung des Lernens nur beschränkt möglich ist, da ein erneutes Vorlegen einzelner Muster nicht umsetzbar ist.[27]

---

[26] Vgl. Ebd. Seite 45.
[27] Vgl. Ebd. Seite 46.

3.6 Die Vernetzungsstruktur

Es existieren vorwärtsgerichtete, azyklische und rückgekoppelte Vernetzungsstrukturen. Vorwärtsgerichtete Netze verbinden lediglich Neuronen der Schichten untereinander. Die dazwischen gelegenen Schichten sind die verborgenen Schichten (hidden layers genannt). (Vgl. Abbildung 7 a).

Innerhalb jeder Schicht besitzt die Ausgabefunktion dieselbe Struktur.

Wenn die Gewichte von Neuron1 zu Neuron2 gleich sind und umgekehrt, ist von einer rückgekoppelten Netzstruktur zu sprechen. Hierbei sind die Netze symmetrisch. Sind die Gewichte zueinander nicht gleichartig, handelt es sich um asymmetrische Netze. In diesem Fall lässt sich eine Gleichheit der Ausgabefunktionen von allen Neuronen feststellen (Vgl. Abbildung 7 b). Außerdem ist eine Unterscheidung der Schichten nicht vonnöten.

Bei den, auf symmetrische Art und Weise rückgekoppelten Netzen wird die Ausgabe mithilfe eines Einschwingvorgangs, welcher auch Relaxation genannt wird, berechnet.[28]

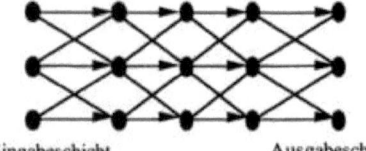 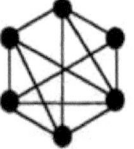

Eingabeschicht   Ausgabeschicht
    Verborgene Schichten

a) Schichtenmodell: vorwärtsgerichtet, azyklisch

b) Relaxationsmodell: rückgekoppelt, symmetrisch

Abb. 7: Modelle Vernetzungsstrukturen (Vgl. Braun, Heinrich / Feulner, Johannes / Malaka, Rainer (1996): Praktikum Neuronale Netze. 1996. Seite 3.)

3.7 Die Berechnungsreihenfolge

Im Vergleich von neuronalen Netzen und dem menschlichen Gehirn lassen sich vielerlei Parallelen in der Arbeitsweise ziehen. Werden künstliche neuronale Netze einer parallelen und asynchronen Auswertungsreihenfolge ausgesetzt, sind

---

[28] Vgl. Braun, Heinrich / Feulner, Johannes / Malaka, Rainer (1996): Praktikum Neuronale Netze. Seite 2.

diese resistent dagegen. Allerdings ist bei Untersuchungen theoretischer Modelle, wie zum Beispiel Konvergenz und Stabilität, eine Festlegung der Auswertungsreihenfolge zu tätigen. Es wird hierbei entweder sequentiell und indeterministisch oder parallel und synchron gearbeitet.[29]

3.8 Die Optimierungsprobleme

Bei der Arbeit mit neuronaler Netzen können zweierlei Optimierungsprobleme entstehen:

- Beim Lernvorgang

Während dieses Vorgangs ist die Fehlerfunktion so anzupassen, dass sie einen möglichst minimalen Wert annimmt.

- Während des Einschwingvorgangs der Relaxationsmodelle

Beim zweiten Optimierungsproblem kommt es zum Suchen nach dem nächstliegenden lokalen Minimum der Energiefunktion. Beispiele hierfür stellen das Hopfield-Modell und die Boltzmann-Maschine, welche im Folgenden noch vorgestellt werden.

Der entgegengesetzte Weg, eine Lösung der Optimierungsprobleme durch deren Codierung in ein neuronales Netz, ist auch möglich. Die Forscher Hopfield und Tank transformierten quadratische Optimierungsprobleme in analoge Hopfield-Netze. Dabei verfolgten sie das Ziel, dass die Probleme innerhalb des Einschwingvorgangs nahezu verbessert werden. In diesem Zusammenhang ist von großer Bedeutung, dass die Relaxation eines Hopfield-Netzes (analog oder diskret) die Energiefunktion (quadratisches Polynom) verkleinert. Dieses Verfahren ist umgekehrt auch anwendbar.[30]

3.9 Die Propagierungsfunktion

Mithilfe der sogenannten Propagierungsfunktion lassen sich vektorielle Eingaben innerhalb der Netzeingaben in skalarer Form konvertieren. Dabei existieren in den häufigsten Fällen mehrere Neuronen, welche, solange sie untereinander ver-

---

[29] Vgl. Braun, Heinrich / Feulner, Johannes / Malaka, Rainer (1996): Praktikum Neuronale Netze. Seite 3.
[30] Vgl. Braun, Heinrich / Feulner, Johannes / Malaka, Rainer (1996): Praktikum Neuronale Netze. Seite 3-4.

bunden sind, Ausgabewerte aneinander senden können. Diese Funktion ist in der Lage die Ausgabewerte diverser Neuronen anzunehmen und an ein bestimmtes anderes Neuron weiterzuleiten. Dies erfolgt durch die Verwendung der verbindenden Gewichte bezüglich der Netzeingabe, worauf die Aktivierungsfunktion dann zugreifen kann. Hinsichtlich der Propagierungsfunktion ist somit festzustellen, dass diese im Endeffekt die Netzeingabe bestimmt. Im Zusammenhang damit wird oftmals die sogenannte gewichtete Summe verwendet. Darunter ist das Multiplizieren der Ausgabewerte jedes Neurons mit dem Addieren der Ergebnisse zu verstehen.[31]

3.10 Die Aktivierungsfunktion

Unter der sogenannten Aktivierungsfunktion wird eine sigmoide (s-förmige) Funktion verstanden. Wichtig dabei ist, dass bezüglich der Ausgabe alle Eingabewerte nichtlinear miteinander gekoppelt sind. Beispiele für eine solche Funktion stellen der Tanges Hyperbolicus sowie logistische Funktionen dar. Zusätzlich dazu könnte auch die Stufenfunktion diesen Prozess realisieren. Hierbei aktiviert sich das Neuron erst, sobald ein bestimmter Schwellenwert überschritten wird. Jedoch ist diese Art der Funktion am Wert 0 nicht differenzierbar. Aus diesem Grund ist sie bei der sogenannte Backpropagation nicht anwendbar.[32]

3.11 Die Ausgabefunktion

Wird mithilfe des Aktivitätszustands die Neuronenausgabe definiert, ist von der Ausgabefunktion die Rede. Grundsätzlich ist es der Ausgabefunktion möglich, jegliche Aktivierungsfunktionen anzunehmen. Deswegen kennzeichnet die Ausgabefunktion oftmals ein linearer Verlauf.[33]

---

[31] Vgl. Kriesel, David (Jahr unbekannt): Ein kleiner Überblick über Neuronale Netze. In: http://www.dkriesel.com/_media/science/neuronalenetze-de-zeta2-1col-dkrieselcom.pdf. Seite 44. (Stand: 02.08.2017).
[32] Vgl. Wallner, Anna (2007): In: http://www.mathematik.uni-ulm.de/stochastik/lehre/ss07/seminar_sl/ausarbeitung_wallner.pdf. Neuronale Netze. Seite 2. (Stand: 02.08.2017).
[33] Vgl. Wedra, Andreas (2013): IT-basierte Managementunterstützung: Künstliche Neuronale Netze zur quantitativen Prognose. Seite 21.

3.12 Der Netzwerkgraph

Unter dieser Begrifflichkeit ist ein auf bestimmte Weise gerichteter, gewichteter Graph zu verstehen. Dieser ist in der Lage die Beschaffenheit des Netzes zu wählen.[34]

3.12.1 FF-Netze

Im Allgemeinen lässt sich eine bestimmte Reihenfolge hinsichtlich der jeweiligen Netzwerkschichten festlegen. Dabei existieren zum einen FF-Netze der ersten Ordnung. Diese weisen lediglich Verknüpfungen einer Schicht zu einer weiteren Schicht auf, welche sich direkt über der ersten Schicht befindet. Daran anknüpfend lassen sich FF-Netze zweiter Ordnung differenzieren. Innerhalb dieser Netze kann von Verknüpfungen in Bezug auf alle höher gelegenen Schichten ausgegangen werden.[35]

3.12.2 FB-Netze

Bei den sogenannten FB-Netzen finden Rückkopplungen statt. Hierbei ist es nicht nur möglich, dass Verknüpfungen zu höher gelegenen Schichten stattfinden, sondern auch zu Schichten, welche unter der Ausgangsschicht liegen. Im Zusammenhang damit lassen sich außerdem verschiedene Arten der Verbindungen klassifizieren. Zunächst einmal die direkte Rückkopplung, bei welcher die Verknüpfung eines Neurons in Bezug auf sich selbst im Vordergrund steht. Außerdem existieren Rückkopplungen, die auf indirektem Wege vonstattengehen. Hierbei beschreibt ein Kreislauf mehrerer Neuronen in unterschiedlichen Schichten den Vorgang. Ergänzend dazu sind außerdem sogenannte Lateralverbindungen möglich. Damit sind direkte Verknüpfungen unter Neuronen zu verstehen, welche sich in ein und derselben Schicht befinden.[36]

3.13 Die Lernregeln

Es kann eine Gewichtsmatrix konstruktiv ermittelt werden, wenn sich mithilfe neuronaler Netze Assoziativspeicher ergeben, beziehungsweise Optimierungs-

---

[34] Vgl. Behr, Thomas (Jahr unbekannt): Neuronale Netze. Komponenten neuronaler Netze. Der Netzwerkgraph. In. http://www.thomas-behr.de/studium/neuronale_netze/NN_Aufbau.html. (Stand: 02.08.2017)
[35] Vgl. Ebd.
[36] Vgl. Ebd.

probleme beseitig werden. Der hauptsächliche Einsatz von neuronalen Netzen findet allerdings bei Fehlfunktionalität analytischer Ansätze statt. Es lassen sich zwei Lernarten herausstellen, das überwachte und das unüberwachte Lernen. Innerhalb des überwachten Lernens gibt ein Anwender die erforderliche Eingabe, respektive Ausgabe vor. Außerdem ermittelt dieser mögliche Fehler bei der Ausgabe. Unter diesen Fehlern ist eine nicht deckungsgleiche Ausgabe in erwünschter und letztendlich erzielter Form zu verstehen. Anschließend ist es notwendig, die Gewichte in Bezug auf den Ausgabefehler so zu verändern, dass das Gleichgewicht aller Gewichte wiederhergestellt wird.

In diesem Zusammenhang eignet sich das Gradientenverfahren am besten. Bei diesem Verfahren kommt es am häufigsten zu einer Veränderung der Gewichte, welche den größten Einfluss auf den Ausgabefehler besitzen.

Beim Lernen auf unüberwachter Ebene kommt es lediglich zur Vorgabe von bestimmten Mustern bezüglich der Eingabe. Hierbei übernimmt ein neuronales Netz das selbstständige Klassifizieren, beziehungsweise Generalisieren.[37]

3.13.1 Die Hebb'sche Lernregel

Die Anwendung der Hebb'schen Lernregel stellt eine der elementarsten Möglichkeiten dar, um Lernvorgänge innerhalb neuronaler Netze zu realisieren. Sie wurde im Jahre 1949 von Donald O. Hebb aufgestellt. Eine Definition dieser Regel könnte wie folgt lauten: Sobald das Axon einer Zelle auf eine andere Zelle einwirkt, kommt es zur Entstehung von sogenannten Aktionspotentialen innerhalb der anderen Zellen. Dadurch kann es entweder in nur einer oder sogar in beiden Zellen geschehen, dass ein Prozess des Wachstums vonstattengeht. Mithilfe dieses Wachstums erhöht sich der Wirkungsgrad der ersten Zelle gegenüber der Aktionspotentialerzeugung der zweiten Zelle. Einfacher gesagt lässt sich auch formulieren: Wenn zwei Neuronen sehr oft parallel und zur gleichen Zeit aktiv arbeiten, steigt die Wahrscheinlichkeit, dass beide aufeinander reagieren. Somit wird die Synapse gefestigt, wodurch zur selben Zeit aktive Neuronen eine untereinander verbundene Arbeitsweise erreichen können. Zur Aufstellung dieser Aussagen gelang Hebb durch das Experimentieren und Feinjustieren an der synaptischen Übertragung zweier Neuronen. Dank dieser Forschungsarbeiten gilt Hebb heutzu-

---

[37] Vgl. Braun, Heinrich / Feulner, Johannes / Malaka, Rainer (1996): Praktikum Neuronale Netze. Seite 3.

tage als Wegbereiter der synaptischen Plastizität, welche die Basis jeglicher Form des Lernens darstellt.[38]

3.13.2 Die Delta-Regel

Unter der Delta-Regel ist die proportionale Gewichtsänderung bei der Abweichung der wirklichen Ausgabewerte in Bezug auf die erwarteten Ausgabewerte zu verstehen. Sie lässt sich ausschließlich auf Netze anwenden, die nur über eine Stufe verfügen. Die Netze dürfen also keine Zwischenschichten besitzen. Ein weiteres Beispiel, bei dem die Delta-Regel verwendet werden kann, ist die linear separierbare Aktivierungsfunktion. Mit der Anwendung dieser Regel sollen die Gewichte derart angepasst werden, dass die Fehleranzahl, unter Verwendung des gleichen Eingabemusters von linear separierbaren Funktionen immer weiter beseitigt werden. Eine Einordnung der Delta-Regel lässt sich in den Bereich des überwachten Lernens treffen.[39]

3.13.3 Die generalisierte Delta-Regel

Im Vergleich zur „normalen" Delta-Regel ist unter der generalisierten Form eine Erweiterung der Regel durch Verwendung von versteckten Schichten zu verstehen. Mithilfe dieser Eigenschaft lassen sich die Schwierigkeiten in der Anwendung der Delta-Regel auch Funktionen, welche als linear separiert charakterisiert sind, überwinden. Des Weiteren wird unter Anwendung dieses Standards die Abweichung der Delta-Regel ausgetauscht. Hierbei kommt der sogenannte Delta-Wert zum Tragen. Während dieses Arbeitsschrittes ist es notwendig, dass die Fehlerfunktion im partiellen Sinne differenziert wird. Erst dann wird eine Berechnung des Delta-Wertes umsetzbar. Letztendlich kommt es dadurch zu einer Weitergabe des Fehlers auch an die Schichten, welche versteckt sind und somit können die Gewichte der versteckten Schichten übermittelt und modifiziert werden. Die Delta-Regel ist eine Form der so bezeichneten Gradientenabstiegsverfahren.[40]

---

[38] Vgl. Stangl, Werner (2017): Hebb-Regel. Lexikon für Psychologie und Pädagogik. (In: http://lexikon.stangl.eu/17945/hebb-regel/. Stand: 01.08.2017)

[39] Vgl. Bennert, Reinhard (2013): Soft Computing-Methoden in Sanierungsprüfung und -controlling: Entscheidungsunterstützung durch Computational Intelligence. Seite 79.

[40] Vgl. Ebd. Seite 79.

3.13.4 Die Backpropagation

Grundsätzlich ist es mithilfe der Delta-Regel nicht möglich, mehrschichtige Netze zu trainieren. Dies liegt darin begründet, dass die Fehlerwerte in den Neuronen innerhalb der versteckten Zwischenschichten nicht genau gekannt werden. Somit ist es nicht realisierbar, die beste Optimierung der Gewichte festzulegen. Um Verknüpfungen der versteckten Schichten des neuronalen Netzes mit den nichtlinearen Aktivierungsfunktionen erstellen zu können, kommt die sogenannte Backpropagation-Regel zur Anwendung. Innerhalb dieser Backpropagation werden die Netzgewichte, bei welchen von einer möglichst geringen Fehlmenge aller Trainingsmuster ausgegangen wird, Schritt für Schritt feinjustiert. Dabei durchläuft dieses Verfahren etliche Trainingszyklen. Ein solcher Trainingszyklus beschreibt eine komplette Darstellung von allen Mustern, die zum Training benötigt werden. Innerhalb der einzelnen Zyklen ist eine Änderung der Trainingsmuster in Bezug auf deren Abfolge notwendig. Wird dies jedoch nicht getan, könnte das Netz per Backpropagation in der Lage sein, die Musterreihenfolge zu studieren. Schlussendlich wäre das Netz dadurch nicht mehr befähigt, eine direkte Abbildungsvorschrift auszumachen. Eine Anwendung dieser Lernregeln findet in praktischen Bereichen die häufigste Umsetzung. Um diese Regel mittels der Aktivierungsfunktion in Form einer Sigmoidfunktion zu schlussfolgern, ist ein dreischichtiges (also zwei Schichten, die aktiv sind) Feedforward-Netz erforderlich.[41]

Im nächsten Schritt wird das Lernen mit Backpropagation erläutert.

Nun erfolgt eine willkürliche Initialisierung der Netzgewichte und der Lernalgorithmus durchläuft folgende sich repetierende Phasen:

Zuallererst kommt es zur Berechnung des Feedforward-Netzes. Dabei werden einem Netz zuerst Eingabevektoren zugespielt, welche auf beliebige Art und Weise gewählt werden. Danach kommt es zur Erschließung der Ausgangsfehler. Letztendlich wird die Ableitung der sogenannten Sigmoid-Funktion innerhalb jedes Neurons gesichert.

Innerhalb des nächsten Arbeitsschrittes erfolgt die Backpropagation bis hin zur Schicht der Ausgabewerte. Während dieser Phase wird jedem Gewicht eine Ver-

---

[41] Vgl. Wottrich, Torsten (2007): Diplomarbeit. Entwicklung, Implementierung und Test eines Neuronalen Netzes nach dem Backpropagation- Prinzip zur Klassifizierung von Ultraschallsignalen des Kolbenpositionssensors Sonocontrol14. Seite 24.

bindung vom Neuron des Ausgangs hin zu dem Neuron der Ausgabe zugeschrieben.

Darauffolgend geht die Backpropagation bis hin zu der versteckten Schicht. Als Voraussetzung dieses Schrittes ist festzustellen, dass innerhalb der versteckten Schicht alle Neuronen mit diversen Neuronen, welche sich in der Ausgabeschicht befinden, verknüpft sind. Hierbei lässt sich bezüglich der Ableitung der Fehlerfunktion feststellen, dass diese in Bezug auf jedes Gewicht über dieselbe Beschaffenheit verfügen muss. Diese Tatsache liegt darin begründet, dass der Fehler, welcher rückwärtsverteilt ist, gleichermaßen innerhalb diverser versteckter Schichten ermittelt wird.

In der letzten Arbeitsphase wird die Gesamtheit der Gewichte berichtigt. Das Ziel im Rahmen dessen ist es, durch Gewichtsänderungen, in allen Fällen eine negative Gradientenrichtung zu erzielen.[42]

3.13.5 Competitive Learning

Bei dem „competitive learning", frei übersetzt als wettbewerbsorientiertes Lernen, handelt es sich um eine Art des unüberwachten Lernens. Hierbei verfolgt jedes Netzwerkelement das Ziel, die mit dem Eingangsvektor verknüpfte Ausgabe zu erzeugen. Noch dazu ist lediglich dieses ausgewählte Element befähigt, auf die Abfrage reagieren, wobei gleichzeitig eine Hemmung aller konkurrierenden Elemente vonstattengeht.[43]

---

[42] Vgl. Ebd. Seite 32.
[43] Vgl. Rojas, Raul (2013): Neural Networks: A Systematic Introduction. Seite 99. (Anmerkung: eigene Übersetzung).

3.13.6 Übersicht aller Regeln

	Hebb-Regel	Delta-Regel	Backpropagation	Competitive Learning
Kernkozept	Gleichzeitige Aktivierung	Vergleich: gewünscht vs. beobachtet; Gradientenverfahren	Backward-pass; Gradientenverfahren	"The winner takes it all."
Art der Lernregel	Als supervised, unsupervised und reinforcement learning möglich	Supervised learning	Supervised learning	Unsupervised learning
Biologische Plausibilität?	Teilweise	Eher nicht	Eher nicht	Teilweise
Netztypen, die auf diese Lernregel zurückgreifen (u.a.)	Pattern Associator; Auto Associator	Pattern Associator; Auto Associator	Simple Recurrent Networks, Jordan Netze	Kompetitive Netze; konzeptuell auch in Kohonennetzen
Vorteile	Einfachheit, biologische Plausibilität	Einfachheit, relativ leicht zu implementieren	Auch bei Netzen mit Hidden-Units einsetzbar; größere Mächtigkeit im Vergleich zur Delta-Regel	Unsupervised learning; biologische Plausibilität
Nachteile	In der "klassischen" Form: Überlaufen der Werte der Gewichte und geringe Mächtigkeit des Systems	Nicht bei Netzen mit Hidden-Units einsetzbar; fragwürdige biologische Plausibilität; geringe Mächtigkeit des Systems	Fragwürdige biologische Plausibilität; lokale Minima	Einzelne Output-Unit kann alle Inputmuster "an sich reißen" --> keine Kategorisierung mehr

Abb. 8: Übersichtstabelle der Lernregeln (Vgl. In: Neuronale Netze. Eine Einführung. Druckversion der Internetseite www.neuronalesnetz.de. Seite 23. Stand: 01.08.2017.)

3.14 Das Perzeptron

Das Perzeptron-Modell eines künstlichen Neurons lässt sich wie folgt darstellen:

- Eine bestimmte Anzahl von Eingabewerten ermöglicht eine Simulation der Dendriten.

- Alle Eingabewerte gebündelt entsprechen dem kompletten Stimulus, welcher auf ein Neuron wirkt. Sie repräsentieren den Impuls im Axon.

- Unter Benutzung einer Aktivierungsfunktion kann der Schwellwert innerhalb des synaptischen Spalts simuliert werden. Diese Funktion wird auf die bereits errechnete Summe anwendet.

Daraus resultierend kann der Ausgabewert eines Neurons ermittelt werden.[44]

---

[44] Vgl. Ebd. Seite 2.

In diesem Themenkapitel soll das einfache Perzeptron beschrieben werden. Dabei handelt es sich um ein neuronales Netz, welches allerdings keine inneren Schichten besitzt. Auch die versteckten Einheiten, welche mehrschichtige Systeme beinhalten, kommen in einem Perzeptron-Modell nicht vor.

Bei einem Perzepton (engl. perception = Wahrnehmung) handelt es sich um ein neuronales Netz, welches ausschließlich aus einer Einheit bestehend ist und seinen Einsatzpunkt in der Klassifikation von Mustern hat. Das Modell stellte Frank Rosenblatt im Jahr 1958 vor.

Der Gedanke, der in Form des Perzeptrons zur Geltung kommt, wird in der Grafik vorgestellt:

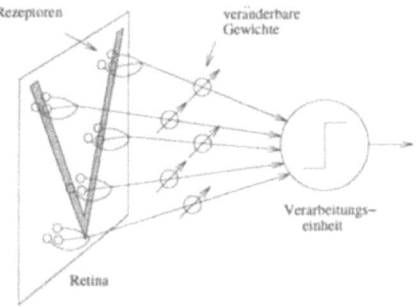

Abb. 9: Schematische Darstellung eines Perzeptrons (Vgl. Nauck, Detlef D. / Klawonn, Frank / Kruse, Rudolf (1994): Neuronale Netze und Fuzzy-Systeme: Grundlagen des Konnektionismus, Neuronaler Fuzzy-Systeme und der Kopplung mit wissensbasierten Methoden. Seite 39.)

Optische Rezeptoren befinden sich auf einer imaginären Retina. Diese Rezeptoren können einen Impuls an die jeweilige Verarbeitungseinheit verschicken. Dafür müssen sie allerdings einem Reiz ausgesetzt werden. Das Gewicht, welches dem Impuls zugeordnet wird, ist für die Änderung der Intensität des Impulses zuständig.

Die Aufgabe der Verarbeitungseinheit ist die Addition eines eingehenden Impulses. Jedoch nur, wenn die Summe einen bestimmten Schwellenwert übersteigt, ansonsten wird diese Einheit nicht aktiv.

Dem Perzeptron kommt eine entscheidende Funktion zu, denn es legt fest, ob ein Bild, welches sich auf der Retina befindet, eine bestimmte Voraussetzung erfüllen kann. Dies geschieht über die Kombination von Ergebnissen einer hohen Anzahl von verschiedenen Untersuchungen. Unter diesen Untersuchungen sind gewichtete Signale zu verstehen, die ihren Einsatzort bei den gereizten Rezeptoren der Retina haben.

Im nächsten Abschnitt werden die Perzeptron-Lernregeln erläutert.[45]

3.14.1 Lernregeln für das Perzeptron

In Bezug auf das Perzeptron lassen sich einige Lernregeln nennen. Davon sollen im Rahmen der Arbeit drei erläutert werden: Es existieren die Hebb-Regel, die Perzepron-Regel und die Delta-Regel, wobei alle Beispiele für Verfahren des überwachten Lernens darstellen. Hierbei ist es notwendig, dem Perzeptron im Vorfeld mithilfe von Beispielen deutlich zu machen, welche Bilder bestätigt und welche nicht bestätigt werden können. Im Gegenzug dazu verhalten sich Lernbeispiele im Bereich des unüberwachten Lernens in einer unklassifizierten Art und Weise. Es ist nun also unbedingt notwendig, eine Klassifizierung zu erschaffen.

Um die Lernregeln simpler zu gestalten, ist eine Umformulierung der Aufgabenstellung vonnöten. Das geschieht durch die Interpretation der Schwelle als zusätzliches Gewicht, wodurch lediglich eine Klassifizierung der positiven Muster erreicht wird.

Eine Anpassung des Perzeptrons an die Klassifikationsaufgabe findet durch den Gewichtsvektor und den Schwellenwert statt, worin das Lernverfahren der zweiten Stufe zu verstehen ist.[46]

Zusammenfassend kann festgestellt werden:

Bei der Hebb-Regel werden alle Perzeptroneinstellungen mit Vorlage eines Beispiels korrigiert. Dabei wird die Qualität der Berechnungen allerdings nicht berücksichtigt. Es müssen alle Muster lediglich einmal durchlaufen werden.

Mithilfe der Perzeptron-Regel werden fehlerhaft klassifizierte Einstellungen verbessert. Eine klare Zielführung bei Vorhandensein einer Lösung ist festzustellen.

Durch Anwendung der Delta-Regel wird, genauso wie auch die Perzeptron-Regel, das Gewicht eines Perzeptrons berichtigt. Es erfolgt eine Anpassung des Deltas an

---

[45] Vgl. Nauck, Detlef D. / Klawonn, Frank / Kruse, Rudolf (1994): Neuronale Netze und Fuzzy-Systeme: Grundlagen des Konnektionismus, Neuronaler Fuzzy-Systeme und der Kopplung mit wissensbasierten Methoden. Seite 39-41.
[46] Vgl. Braun, Heinrich / Feulner, Johannes / Malaka, Rainer (1996): Praktikum Neuronale Netze. Seite 1.

die Erfordernisse. Somit lässt sich eine nicht vollständige oder eine übermäßige Korrektur umgehen. Bei Anwendung dieser Regel ist immer eine Lösung zu finden, vorausgesetzt natürlich, es besteht eine.[47]

3.15 Die Netztypen

Eine Ordnung von neuronalen Netzen ist hinsichtlich zahlreicher Aspekte möglich. Die einzelnen Lernregeln stellen im Zusammenhang damit eine gute Option dar, eine Unterscheidung der Netze zu treffen. Jedoch ist anzumerken, dass die Arbeitsweisen mancher Netztypen durch die gleiche Lernregel begründet sind. Somit kann kein direkter Bezug eines Netztyps auf genau eine bestimmte Lernregel hergestellt werden. Ergänzend dazu ist es aber auch möglich, dass einige Netzarten auf diverse Regeln des Lernens übertragbar sind. Des Weiteren kann untersucht werden, ob die jeweiligen Netze über Hidden-Units verfügen oder ob es sich um überwachtes, respektive unüberwachtes Lernen hinsichtlich der Trainingsphase handelt. Außerdem könnten noch einige weitere Aspekte zu Unterscheidungsmerkmalen führen, wobei jedoch von einer komplett einheitlichen und eindeutigen Bestimmung der Netzarten nicht die Rede sein kann. Die nachfolgenden Inhalte beschreiben die wesentlichen existierenden Netztypen.[48]

3.15.1 Pattern Associator

Dem Pattern Associator, übersetzt Musterassistent, ist es möglich Verbindungen zwischen den Mustern des Eingangs mit den Mustern des Ausgangs zu erlangen. Diese Netzart ist in der Lage, das gelernte Muster einer Eingabe auf ein weiteres, vergleichbares Muster zu übertragen. Das größte Einsatzgebiet dieser Muster-Assoziatoren befindet sich im Bereich der verteilten Speichermodellierung. Diese Form lässt sich in die zweischichtigen Netzwerke einordnen. Sie sind, bezüglich des Aufbaus, durch die Eingabe- und die Ausgabeschichten gekennzeichnet, wobei alle Eingaben mithilfe von Gewichten mit den Ausgaben verknüpft sind. Verbindungen können hierbei lediglich von der Eingabe hin zur Ausgabe gesetzt werden. Mithilfe des Aktivierungsprodukts und des Verbindungsgewichts kann die Stärke der Einwirkung der Eingangseinheiten auf die Ausgangseinheiten bestimmt wer-

---

[47] Vgl. Braun, Heinrich / Feulner, Johannes / Malaka, Rainer (1996): Praktikum Neuronale Netze. Seite 13.
[48] Vgl. Ohne Autor (Jahr unbekannt): In: Neuronale Netze. Eine Einführung. Druckversion der Internetseite www.neuronalesnetz.de. Seite 24. (Stand: 01.08.2017)

den. Sobald der Pattern-Associator durch ein Eingangsmuster beschrieben wird, ist er in der Lage zu trainieren. Mithilfe sogenannter Anschlussgewichte ist es außerdem realisierbar, die Art des Eingangs und des Ausgangs zu variieren. Die Tatsache, dass diese Netzwerke über ein eigenständiges Lernen verfügen, lässt deren Attraktivität natürlich ansteigen. Diese Musterassistenten begründen ihre Arbeitsweisen vorrangig durch die Anwendungen der Hebb-Regel sowie der Delta-Regel.[49]

3.15.2 Rekurrente Netze

Unter dieser Art neuronaler Netze sind Topologien zu verstehen, welche aus Neuronenverbindungen einer Schicht und Neuronen einer anderen, vorherigen Schicht, bestehen. Außerdem können auch Verknüpfungen mit anderen Neuronen derselben Schicht existieren. Um den Bezug zur Biologie herzustellen, ist zu bemerken, dass der Neocortex innerhalb des Gehirns die Hauptverschaltungsart von neuronalen Netze darstellt. Im Vergleich dazu wird bei den künstlichen Netzen angestrebt, Information innerhalb der Daten zu finden, welche zeitlich codiert sind. Hierzu werden genauso diese Verschaltungen auf rekurrente Weise verwendet. Unter diesen rekurrenten neuronalen Netzen sind die Elman-Netze, die Jordan-Netze und die Hopfield-Netze zu differenzieren, wobei diese Netzarten in den anknüpfenden Kapiteln der Arbeit erläutert werden.

Eine Differenzierung der rekurrenten Netze ist nach folgenden Aspekten möglich:

---

[49] Vgl. Russell, Ingrid (1996): In: The Pattern Associator.
http://uhaweb.hartford.edu/compsci/neural-networks-pattern-associator.html. Anmerkung: eigene Übersetzung. (Stand: 01.08.2017).

Neuronale Netze

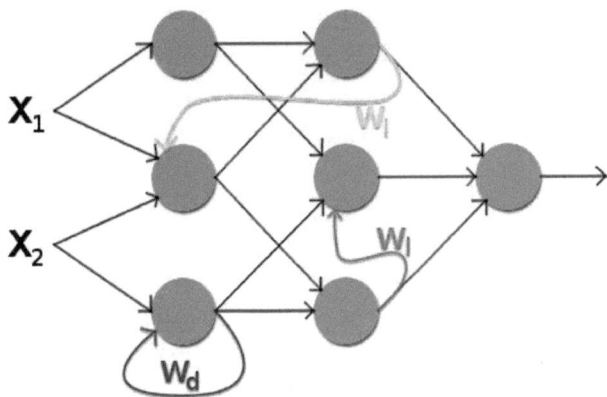

Abb. 10: Diverse Arten von Rückkopplungen (In: Willig, Hans-Peter (2010): http://www.biologie-seite.de/Biologie/Rekurrentes_neuronales_Netz. (Stand: 01.08.2017)

Zum einen kann die Funktionsweise rekurrenter Netze durch eine Rückkopplung auf direktem Wege (blau gekennzeichnet) vonstattengehen. Hierbei findet sozusagen eine doppelte Verwendung des eigentlichen Neuronenausgangs als erneuter Eingang statt.

Des Weiteren können die Netze aus indirekten Rückkopplungen (grün gekennzeichnet) bestehen. In diesem Fall werden die Ausgangsneuronen mit Neuronen aus der letzten Schicht verknüpft.

Eine weitere Art der Rückkopplung kann seitlich (rot gekennzeichnet) realisiert werden. Hierbei werden die Ausgangsneuronen mit einem weiteren Neuron, welches sich in der gleichen Schicht befindet, verknüpft.[50]

3.15.2.1 Hopfield-Netze

Im Jahre 1982 gewannen, dank Hopfield, stabil rückgekoppelte Netze an Bedeutung. Dieser erstellte ein Netz, welches in der Lage war, mit selbiger Dynamik zu arbeiten, wie es auch die physikalischen Spinglasmodelle aus dem Themengebiet der Thermodynamik konnten. Hierbei lässt sich feststellen, dass eine Abhängigkeit eines Neurons direkt in Bezug auf den Zustand des Gesamtsystems vorliegt.

---

[50] Vgl. Willig, Hans-Peter (2010): In: http://www.biologie-seite.de/Biologie/Rekurrentes_neuronales_Netz. (Stand: 01.08.2017)

Letztendlich bestimmt die Gesamtheit aller Neuronen den Zustand des kompletten Netzes. Dadurch kann ein Zustandswechsel des Neurons erreicht werden.[51] Physikalisch gesehen besitzt das Hopfield-Netz lediglich eine Schicht, bestehend aus Neuronen, welche miteinander komplett und auf symmetrische Art und Weise verknüpft sind. Allerdings kann nicht von dem Vorhandensein von direkten Verbindungen gesprochen werden, weshalb technisch gesehen meist Eingabe- und Ausgabeschichten verwendet werden, um einen Puffer zu schaffen. Mithilfe der Eingabe und der Aktivierungsfunktion ist die Signalverarbeitung definiert. Hierbei ist es möglich, die Eingabe eines Neurons unter Verwendung der summierten Aktivierungen aller Neuronen, zu berechnen. Darauffolgend kommt es zu einem Vergleich aus der Eingabe und dem Schwellenwert. Lässt sich dabei feststellen, dass die Eingabe höher in Bezug auf den Schwellenwert ist, aktiviert sich das Neuron. Falls nicht, bleibt es im Ruhezustand. Zusammenfassend kann gesagt werden, dass die Aktivierung der Neuronen abhängig von den jeweiligen Eingabewerten berechnet wird.[52]

3.15.2.2 Jordan-Netze

Die sogenannten Jordan-Netze sind dadurch gekennzeichnet, dass ihre Ausgaben zunächst eine Rückkopplung vollziehen, aber danach wiederum eine Funktion der Eingabe aufweisen. Um diese Rückkopplung durchführen zu können, benötigen solche Netzwerke die so bezeichneten Kontext-Neuronen. Über diese ist zu sagen, dass sie in derselben Häufigkeit vorkommen wie auch Neuronen der Ausgabe.

---

[51] Vgl. Alex, Björn (2013): Künstliche neuronale Netze in Management-Informationssystemen: Grundlagen und Einsatzmöglichkeiten. Seite 128.
[52] Vgl. Ebd. Seite 129.

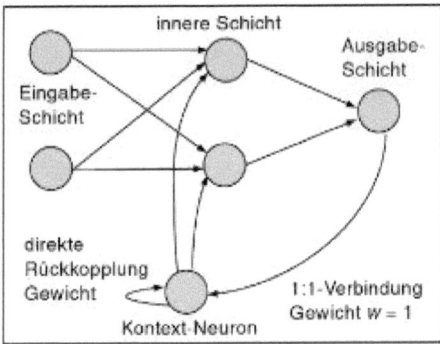

Abb. 11: Beispiel des Aufbaus eines Jordan-Netzes (In: Cleve, Jürgen / Lämmel, Uwe (2012): Künstliche Intelligenz. Seite 248.)

Wie auf der Grafik zu sehen ist, verfügen Jordan-Topologien über zweierlei Eingabe- sowie versteckter Neuronen und einem Ausgabe-Neuron. Hinzu kommt hier das gerade genannte Kontext-Neuron.[53]

Es ist zu bemerken, dass eine freie Auswahl der einzelnen Schichten im Bereich des Möglichen liegt. Eine komplette Verknüpfung der inneren Schicht mit den Kontext-Neuronen lässt sich dabei genauso charakterisieren wie eine Verbindung der inneren mit der äußeren Schicht (Ausgabe-Schicht). Grundlegend verfügt im Rahmen dessen jedes Ausgabe-Neuron über eine Verknüpfung zu dem jeweiligen Kontext-Neuron. Dabei verfügt eine dieser Verbindungen über ein festgelegtes Gewicht. Aus diesem Grund ist diese nicht dazu befähigt, trainiert zu werden. Außerdem ist zu bemerken, dass eine vollständige Verbundenheit aller Kontext-Zellen in Bezug auf die innere Schicht vorhanden ist. Ein normaler Trainiervorgang kann deshalb stattfinden, da hierbei von vorwärtsgerichteten Verbindungen gesprochen wird. Bei Jordan-Netzen kann grundsätzlich die Backpropagation agieren. Dies liegt darin begründet, dass die rückwärtsgerichteten Verbindungen über Gewichte verfügen, die feststehend sind. Deshalb kann manifestiert werden, dass die Richtung einer jeden trainierbaren Verbindung vorwärts ist.[54]

---

[53] Vgl. Cleve, Jürgen / Lämmel, Uwe (2012): Künstliche Intelligenz. Seite 247-248.
[54] Vgl. Ebd. Seite 248.

3.15.2.3 Elman-Netze

Innerhalb eines Jordan-Netzes liegt jedoch eine manifeste Anzahl von Kontext-Neuronen vor. Dabei können die Rückkopplungen allerdings begrenzt werden. Hierbei erfahren die von Jeffrey L. Elman erschaffenen, gleichnamigen Netze eine hohe Wichtigkeit. Diese Elman-Netze sind in der Lage, die Rückkopplungen mithilfe der inneren Schicht zu lenken. Ansonsten war dies nur seitens der Ausgabeschicht möglich. Im Rahmen dieses Vorgangs werden exakt gleichviele Kontext-Neuronen benötigt, wie auch in der inneren Schicht vorkommen. Infolgedessen ist eine einfachere Festlegung der inneren Schichtgröße realisierbar. Daraus resultierend ist von einer höheren Variabilität zu sprechen, wodurch die Menge der Kontext-Neuronen auf einfacherem Wege im Vergleich zu den Jordan-Netzen modifizierbar wird. Schlussendlich sind auf diesem Wege gewinnbringendere Ergebnisse seitens der Anwendungen erreichbar.[55]

3.15.3 Kompetitive Netze

Bei den kompetitiven Netzen muss ein wohldefiniertes Muster an der Schicht der Eingänge einwirken. Nur dann kann wiederum ein Muster bezüglich der Aktivierung innerhalb der Ausgabeschicht entstehen. Unter Verwendung der Hebb'schen Lernregel ist dann die Gewichtsänderung zu vollziehen. Während dieses Vorgangs ist das Netz dazu fähig, die Eingangs- und Ausgangssignale korrekt zuzuweisen.

Bei den bisher genannten Netzen handelt es sich um Arten des assoziativen Lernens. Hinzu kommt allerdings noch das Herausfinden und Lernen von sogenannten Regularitäten. Vorrangig zu Beginn der Entwicklung eines Lebewesens erfolgen die meisten Lernprozesse bezüglich diverser Umweltmerkmale und Eigenschaften eines Artgenossen oder auch Objekts. Die Hauptfähigkeit eines Systems stellt also hierbei das Erkennen und Verarbeiten von statistisch vermehrt auftretenden Gegebenheiten und Charakteristiken dar. Allerdings ist dabei keine feste Anzahl solcher wichtigen Kennzeichnungen gegeben und dadurch ist nicht direkt bekannt, in welcher Häufigkeit diverse Ausgangszustände vonnöten sind. Diese Aufgabe fällt in diesem Fall dem Nervensystem zu. Dieses soll also eine Verarbeitung von Umweltmerkmalen durchführen und die damit verbundenen Verknüpfungen erschaffenden Bereiche lokalisieren.

---

[55] Vgl. Cleve, Jürgen / Lämmel, Uwe (2012): Künstliche Intelligenz. Seite 249.

Das Beispiel für ein solches Netz, welches über diese Fähigkeiten verfügt, ist auf der folgenden Abbildung zu sehen:

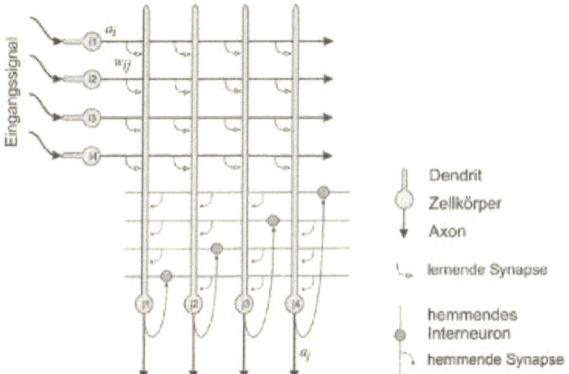

Abb. 12: Die Grundstruktur eines kompetitiven Netzwerkes (In: Rösler, Frank (2011): Psychophysiologie der Kognition: Eine Einführung in die Kognitive Neurowissenschaft. Seite 39.)

Zur Realisierung dieses Prozesses werden Neuronen benötigt, die untereinander verknüpft sind, wobei diese Verschachtelung zum einen auf erregender und zum anderen auf lernender Weise erfolgen muss. Ergänzend dazu werden Neuronen gebraucht, welche sich dazwischen befinden und eine hemmende Wirkung auf die außenliegenden Neuronen ausüben. Um genau zu sein, kommt es hierbei zum Einsatz von Interneuronen, welche mithilfe der Ausgangsneuronen allesamt untereinander verbunden sind, und das auf alternierende Weise. Innerhalb dieses Arbeitsprozesses lässt sich das hemmende Interneuron durch das Arbeiten eines Ausgangsneurons anregen. Danach übt dieses Neuron eine unterdrückende Funktion auf die gesamten umliegenden Neuronen aus. Eine besondere Voraussetzung an das System ist jedoch unbedingt einzuhalten. Es kann lediglich dann eine Änderung der arbeitenden Synapsen vonstattengehen, sobald eine besonders hohe Aktivität eines Ausgangsneurons zu verzeichnen ist. Dadurch kann dieses Neuron den Prozess der Hemmung erfolgreich meistern.[56]

---

[56] Vgl. Rösler, Frank (2011): Psychophysiologie der Kognition: Eine Einführung in die Kognitive Neurowissenschaft. Seite 37-39.)

3.15.4 Kohonen-Netze

Die sogenannten Kohonen-Netze wurden im Jahre 1982 von dem finnischen Ingenieur Teuvo Kohonen entwickelt. Es ist unter solchen Netzen ein neuronales Netz zu verstehen, welches aus zwei Schichten besteht. Diese beiden Schichten sind zum einen die Eingabe- und zum anderen die Kohonen-Schicht. Ein solches Netz ist durch die Verbindung der Eingabeschicht mit den so bezeichneten Kohonen-Neuronen gekennzeichnet.[57]

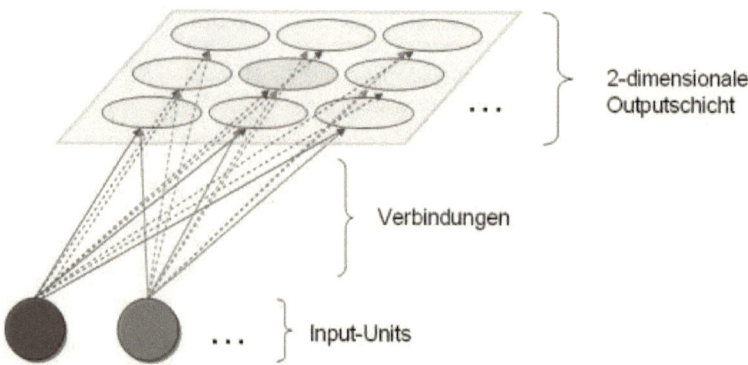

Abb. 13: Schematische Darstellung eines 2-dimensionalen Kohonen-Netzes (In: Neuronale Netze. Eine Einführung. Druckversion der Internetseite www.neuronalesnetz.de. Seite34. Stand: 01.08.2017)

Das Hauptziel bei der Erstellung und Anwendung von Netzen mit Kohonen-Neuronen ist die Charakterisierung einer fest vorgegebenen Menge an Daten unter Verwendung von prototypischen Mustern. Unter jedem dieser Prototypen ist ein sogenanntes Cluster, bestehend aus Sätzen an Falldaten, zu verstehen. Die Kohonen-Neuronen, welche über eine topologische Anordnung verfügen, sind als Hauptbestandteil für den Prozess der Clusterung, auch Klassifikation genannt, zu verstehen. Eine andere Bezeichnung für die Kohonen-Neuronen stellt die Begrifflichkeit Kohonen-Karte dar. Da die Kohonen-Neuronen nah beieinander positioniert sind, wird ein einfacher und schneller Prozess des Lernens auf gutem Wege realisierbar. Zusammenfassend ist zu sagen, dass die Clusterung sowie die Klassifikation zu den bedeutenden Arbeitsschwerpunkten einer solchen Netzstruktur

---

[57] Vgl. Lackes, Richard / Siepermann, Markus (Jahr unbekannt): In: http://wirtschaftslexikon.gabler.de/Archiv/78093/kohonen-netze-v9.html (Stand: 01.08.2017)

zählen. Des Weiteren finden diese Netze beispielsweise in der Erkennung von Kundenklassen, Marktsegmenten sowie auch innerhalb der Fehlerfindung in punkto Fertigung ihren Einsatz.[58]

Zusätzlich sind die Kohonen-Netze in der Lage, Lernprozesse von sich selbst ausgehend umzusetzen. Hierbei ist von dem sogenannten „unsupervised learning" die Rede. Genau darin ist einer der großen Pluspunkte von diesen Netzen zu sehen, da eine höhere biologische Plausibilität in der Struktur von Kohonen-Netzen vorliegt.[59]

3.15.5 Übersicht aller Netztypen

Auf der nachfolgenden Grafik sind nochmal alle verschiedenen Netztypen mit ihren jeweiligen Eigenschaften sowie Vor- und Nachteilen verzeichnet.

	Pattern Associator	Rekurrente Netze	Kompetitive Netze	Kohonennetze
Kernkonzept	Assoziationen zwischen verschiedenen Reizpaaren bilden	Rückkopplungen zu derselben oder einer vorherigen Schicht	1. Erregung 2. Wettbewerb 3. Gewichts-modifikation	Wie Kompetitive Netze, nur mit mehrdimensionaler Output-Schicht
Lernregel	Hebb-Regel; Delta-Regel	Backpropagation	Competitive Learning	Konzeptuell: Competitive Learning
Rückkopplungen?	Nein	Ja	Nein	Nein
Hidden-Units?	Nein	Können vorhanden sein	Können vorhanden sein	In der Regel nicht
Art der Lernregel?	Supervised learning	Supervised learning	Unsupervised learning	Unsupervised learning
Vorteile	Einfachheit	Entdeckung zeitlich codierter Informationen	Biologische Plausibilität	Biologische Plausibilität
Nachteile	Keine Hidden-Units --> biologisch eher unplausibel	"Überlaufen" der Aktivität	"Erstarken" einzelner Output-Units verhindert "sinnvolle" Kategorisierung	Wahl zahlreicher Parameter entscheidend für adäquate Clusterung

Abb. 14: Übersichtstabelle aller Netztypen (In: Neuronale Netze. Eine Einführung. Druckversion der Internetseite www.neuronalesnetz.de. Seite 38. Stand: 01.08.2017)

3.16 Anwendungsbeispiele neuronaler Netze

Dieses Kapitel der Arbeit beschäftigt sich zunächst mit einem beispielhaften Anwendungsbereich neuronaler Netze aus dem Bereich der kognitiven Arbeitsweise des menschlichen Gehirns, nämlich der Farbkonstanz. Daran anschließend wird

---

[58] Vgl. In: Ebd. (Stand: 01.08.2017)
[59] Vgl. Ohne Autor (Jahr unbekannt): In: Neuronale Netze. Eine Einführung. Druckversion der Internetseite www.neuronalesnetz.de. (Stand: 01.08.2017)

die Möglichkeit der Nutzung solcher Netzstrukturen in der Betriebswirtschaft erläutert.

3.16.1 Farbkonstanz

Die Farbwahrnehmung stellt ein Anwendungsbeispiel der kognitiven Arbeitsweise des menschlichen Gehirns dar. Hierbei ist der Schlüsselbegriff „Farbkonsistenz" zu nennen.[60]

„Als Farbkonstanz bezeichnet man die wahrgenommene Stabilität einer Objektfarbe unter verschiedenen Beleuchtungsumgebungen."[61]

Die folgende Grafik verdeutlicht das Beispiel der Farbkonstanz anhand von Fotoaufnahmen roter Erdbeeren, welche sich in Behältnissen befinden.

Abb. 15: Fotos von Erdbeeren unter verschiedenen Beleuchtungsumgebungen (In: Neuronale Netze. Eine Einführung. Druckversion der Internetseite www.neuronalesnetz.de. Seite 46. (Stand: 07.08.2017).

Links ist die Original-Aufnahme zu sehen. Das mittlere Bild wurde mithilfe eines Farbfilters (orange) bearbeitet und das rechte Bild entstand durch das Licht einer Fluoreszenzlampe. Bei letzterem wurde ein violetter Filter angewandt. Die Behälter aus Plastik stellen hierbei lediglich eine Möglichkeit des Vergleichs dar.[62]

Da oftmals große Abweichungen in der Spektralverteilung in Bezug auf die Beleuchtung der Umgebung entstehen, wird die Tatsache, dass ein Gegenstand oder ein Objekt durch ein und dieselbe Farbgebung wahrgenommen werden kann, besonders interessant. Physikalisch ist es möglich, dass ein Gegenstand diverse

---

[60] Vgl. Ohne Autor (Jahr unbekannt): In: Neuronale Netze. Eine Einführung. Druckversion der Internet-seite www.neuronalesnetz.de. Seite 46. (Stand: 07.08.2017).
[61] Vgl. Ebd. Seite 46. (Stand: 07.08.2017).
[62] Vgl. Ebd. Seite 46. (Stand: 07.08.2017).

Lichtwellenlängen zurückstrahlen kann. Nichtsdestotrotz erscheint dem menschlichen Auge die Erdbeere immer gleichbleibend in seiner roten Farbe.[63]

Die Begründung der sogenannten Farbkonstanz liegt im menschlichen Gehirn, denn dort erfolgt die Informationsverarbeitung des zurückgeworfenen Lichts, welches auf die Erdbeere fällt und deren Umgebung. Im Endeffekt wird vermutet, dass Neuronen existieren, welche mit der Farbwirkung eines Gegenstands übereinstimmen. Jedoch korrespondieren diese Neuronen nicht mit der Komposition der Wellenlänge des Lichts, welches von dem Gegenstand aus reflektiert wird. Ein Vorhandensein solcher Neuronen konnte im Jahre 1993 von Semir Zeki bestätigt werden. Und zwar sollen diese sich im visuellen Bereich des Cortex' befinden.[64]

3.16.2 Anwendungsmöglichkeiten in der Betriebswirtschaft

Über die sogenannten Leistungsprobleme von neuronalen Netzen wird seit jeher debattiert. Genau deshalb wird der Fokus auf Anwendungsmöglichkeiten innerhalb der Betriebswirtschaft gelenkt.

Im Zusammenhang damit lassen sich Unterscheidungen in die folgenden Bereiche treffen:

Zuallererst ist das Anwendungsgebiet der Finanzen zu nennen. Dabei werden mithilfe neuronaler Netze gewissermaßen Kreditwürdigkeitsprüfungen getätigt sowie gewisse Kursprognosen (beispielsweise von Aktien) aufgestellt. Des Weiteren werden innerhalb des Marketing-Arbeitsprozesses Absatzprognosen formuliert. Ergänzend daran können Marktsegmente ergründet werden. Andere Anwendungswendungsbereiche, in denen solche Netzwerke eine Funktion ausüben, sind Qualitätskontrollen und das Entwerfen von Erwartungen hinsichtlich der Kosten von Produktionen.

Jedoch ist hinsichtlich dieses Einteilungsversuches zu bemerken, dass bestimmte Funktionsweisen und Aufgaben und hohe Parallelität zueinander besitzen. Außerdem kann von einer einfachen und wirklich treffenden Aufstellung von Prognosen nicht die Rede sein. Einen anderen Ansatz, hierzu Unterscheidungen zu treffen, stellt die Differenzierung der jeweiligen Problemart dar. Die eine Form der Probleme verfügt über eine Verbindung hinsichtlich ihrer zu erwartenden Merk-

---

[63] Vgl. Kandel, Eric (1995): Neurowissenschaften: Eine Einführung. Seite 465 f.
[64] Vgl. Ohne Autor (Jahr unbekannt): In: Neuronale Netze. Eine Einführung. Druckversion der Internet-seite www.neuronalesnetz.de. Seite 46. (Stand: 07.08.2017):

malsausprägungen, auf der einen Seite und der jeweiligen Beschaffenheit der unabhängigen Variablen, auf der anderen Seite. Hierbei ist der Zusammenhang genau dieser Verbindung nicht erfasst. Die andere Form der Probleme bringt keinerlei zielführende Lösungsmethoden mit sich, weshalb sie ohne hohe Anstrengungen nicht zu beseitigen sind.[65]

Hintergrund davon ist eine Einteilung in die sogenannten wohl- und schlechtstrukturierten Probleme in dem Themengebiet Entscheidungstheorie. Unter den erstgenannten Problemtypen sind Fragestellungen zu verstehen, bei denen das Zusammenspiel aus alternativen Handlungen und deren Folgen gegeben sind. Des Weiteren können unverwechselbare Werte gegenüber den Problemcharakteristiken zugewiesen werden. Ergänzend dazu ist die Notwendigkeit eines Lösungsverfahrens von Bedeutung, um die bestmögliche Lösung des Problems zu realisieren. In Kontrast hierzu existieren außerdem die schlechtstrukturierten Probleme. Bei denen muss in allen Fällen mindestens eines der genannten Aspekte nicht gegeben sein. Im Zusammenhang damit sind verschiedene Problematiken zu differenzieren. Dazu zählen der Wirkungs-, Bewertungs-, Zielsetzungs- sowie der Lösungsdefekt.[66]

Der Hauptaspekt, bei dem neuronale Netze ihre Anwendung finden, sind die sogenannten wirkungsdefekten Probleme. Hierbei sind die Charakteristiken bezüglich Ursache- und Wirkungsprinzipien nicht gegeben. Zusätzlich helfen diese Netzarten außerdem bei den Problemen, welche eine lösungsdefekte Eigenschaft besitzen. Jedoch erfolgt die Verarbeitung von Informationen, im Vergleich zu den wirkungsdefekten Problemen, auf unterschiedlichem Wege. Daraus resultierend ist es möglich, neuronale Netze in Bezug auf zweierlei Aspekte zu differenzieren. Sie verfügen entweder über eine optimierende oder bildende Funktion hinsichtlich ihrer Beschaffenheit.

Als Gegebenheit ist bei der optimierenden Klassifizierung das Zusammenspiel aus Eingabe- und Ausgabewerten der jeweiligen Topologie zu sehen. Hierbei wird darauf abgezielt, die Ausgabedaten zu ermitteln, welche am besten dazu fähig sind, den Sachverhalt abzubilden. Um dies zu realisieren, muss eine Energiefunktion bezüglich des Problems erarbeitet werden. Die Charakteristik dieser Funktion

---

[65] Vgl. Zabel, Thomas (2015): Die Eignung Neuronaler Netze für die Mining-Funktionen Clustern und Vorhersage. Seite 7.
[66] Vgl. Ebd. Seite 8.

muss sein, dass ihr Minimum einen Weg bietet, die Problemlösung bestmöglich durchzuführen.

Im Vergleich dazu definiert sich die Ermittlung der Relation von Eingaben und Ausgaben durch die sogenannten funktionsbildenden neuronalen Netze. Im Zusammenhang damit fungiert das neuronale Netz als sogenannte universelle Funktion. Außerdem muss es alle Eingabe- und Ausgabewerte darstellen können. Darunter ist der Begriff der Mustererkennung zu verstehen. Im Genaueren sind innerhalb dieses Prozesses lösungsdefekte in wirkungsdefekte Problematiken umzuwandeln.[67]

Allerdings ist zu bemerken, dass es möglich ist, diese Schwierigkeiten bezüglich einer Einordnung der einzelnen Anwendungsbereiche, zu umgehen. Um dies zu erreichen, muss eine eindeutige Zuordnung der Probleme mit bestimmten Aufgaben vonstattengehen. Zum einem ist es notwendig, dass Aufgaben bezüglich der Prognosen- oder von Klassifikationsvorgängen den wirkungsdefekten Problemen zugeschrieben werden. Zum anderen gehören Ausgaben in Bezug auf Optimierungsvorgänge den lösungsdefekten Problemen an.

Die Basis zur Lösung bestimmter Prognoseschwierigkeiten ist ein bestimmtes Modell, welches von dem Netz erstellt wurde. Dieses Modell bezieht sich auf das System, für welches eine Prognose aufgestellt werden soll. Ziel dieses Netzes ist es grundlegend, dass Vergangenheitsdaten in Zukunftsdaten transformiert werden. Dabei handelt es sich bei der Prognose von Kosten, Aktienkursen oder der Bestimmung des Absatzes um elementare Beispiele hierfür.[68]

Die nächste Form der Aufgaben sind die Klassifikationen. Hierbei werden bestimmte Objektmengen einer Klasse zugeschrieben, wobei diese Klassenanzahl nicht unendlich ist. Beispielsweise können Kohonen-Netze diese Klassen auf eigenständige Art und Weise erschaffen. Im Gegensatz dazu müssen bei den Backpropagation-Verfahren Trainingsdaten eingespielt werden, auf dessen Grundlage die Netze in der Lage sind, eine Bestimmung der Klassen zu erreichen. Dabei handelt es sich bei Marktsegmentierungen, Bilanzanalysen und Prüfungen bezüglich der Kreditwürdigkeit um elementare Klassifikationsprobleme.[69]

---

[67] Vgl. Ebd. Seite 8-9.
[68] Vgl. Ebd. Seite 9.
[69] Vgl. Ebd. Seite 9.

Die dritte Art der Aufgaben ist durch die Lösung von Optimierungen gekennzeichnet. Hierbei wird entweder ein Minimum oder ein Maximum bezüglich eines Zusammenhangs ermittelt, das mithilfe von Funktionen zu definieren ist. Allerdings kann im Rahmen dessen oftmals kein wirklich nützliches und gewinnbringendes Lösungskonzept gefunden werden. Das Hauptziel eines neuronalen Netzes ist es in diesem Fall also eine, dem Optimum soweit wie möglich nahekommende Lösung ermitteln zu können. Dabei handelt es sich bei Optimierungen bezüglich von Transportvorgängen und bei bestimmten Logistikprozessen um elementare Optimierungsprobleme.[70]

---

[70] Vgl. Ebd. Seite 9-10.

4 Usability

Als Bezeichnung für die Nutzerfreundlichkeit in Bezug auf Software und Websites konnte sich der aus dem Englischen stammende Wortlaut „Usability" durchsetzen. Ins Deutsche übersetzt kann das etwas holprig lautende Wort "Gebrauchstauglichkeit" verwendet werden. Die korrekte Definition der Begrifflichkeit lautet nach der DIN-ISO-Norm 9241-11 folgendermaßen:

"Usability ist das Ausmaß, in dem ein Produkt durch bestimmte Nutzer in einem bestimmten Nutzungskontext genutzt werden kann, um bestimmte Ziele effektiv, effizient und zufriedenstellend zu erreichen."[71]

In diesem Zusammenhang ist unter Effektivität zu verstehen, inwieweit ein Benutzer fähig ist, sein erwünschtes Ziel umzusetzen.

Mit der Effizienz ist gemeint, dass nicht unnötiger zusätzlicher Aufwand betrieben werden soll, damit das Kundenziel reibungslos und zügig erreicht werden kann.

Unter zufriedenstellend ist zu verstehen, inwieweit der Softwarenutzer das Design und die Funktionsweise als ansprechend empfindet. Ergänzend ist außerdem die DIN-ISO 9241-10 zu nennen. Diese Norm beschreibt gewisse Grundsätze. Das Ziel ist, die bestmögliche Auszeichnung von Software, Websites, usw., und damit ein Maximum an Benutzerfreundlichkeit zu erschaffen. Zu ihnen zählen die Aufgabenangemessenheit, Selbstbeschreibungsfähigkeit, Steuerbarkeit, Erwartungskonformität, Fehlertoleranz, Individualisierbarkeit sowie die Lernförderlichkeit.[72]

4.1 Definition Usability

Das, aus dem Englischen stammende Kunstwort Usability, setzt sich aus den beiden Worten "to use" (etwas benutzen, gebrauchen) und "ability" (Fähigkeit, Tauglichkeit) zusammen. Wörtliche Translationen des Begriffs stellen etwa "Gebrauchstauglichkeit" oder "Benutzerfreundlichkeit" dar. Seinen eigentlichen Ur-

---

[71] Vgl. DIN-Normenausschuss Ergonomie (NAErg) (1998): DIN-ISO-Norm 9241-11. Ergonomische Anforderungen für Bürotätigkeiten mit Bildschirmgeräten - Teil 11: Anforderungen an die Gebrauchstauglichkeit; Leitsätze (ISO 9241-11:1998); Deutsche Fassung EN ISO 9241-11:1998.

[72] Vgl. Guttsche, Thomas (2008): Untersuchungsmethoden von Web-Usability: ein kurzer Überblick. Seite 2-3.

sprung hat der Begriff aus der Mensch-Computer-Interaktions-Forschung. Außerdem wird er weitläufig in der Literatur benutzt.[73]

Unter der Bezeichnung Usability ist die Qualität der Nutzbarkeit einer Software zu verstehen. In Bezug darauf steht die Nutzungsqualität im Vordergrund. Die technische Komponente ist damit nicht direkt gemeint. Im Genaueren beschreibt Usability, in welcher Tiefe das Produkt den Nutzer seine Arbeitsziele erreichen lässt.[74]

Laut der DIN EN ISO 9241 wird der Usability folgende Definition zugeschrieben:

"Gebrauchstauglichkeit: Das Ausmaß, in dem ein Produkt durch bestimmte Benutzer in einem bestimmten Nutzungskontext genutzt werden kann, um bestimmte Ziele effektiv, effizient und zufriedenstellend zu erreichen."[75]

4.1.1 Effektivität

Ein effektives System ermöglicht es einem Nutzer, das Ziel in der Programmnutzung optimal und auf schnellstem Wege zu erreichen.[76]

Die Höhe des Aufwands in Bezug auf das Erreichen des Ziels ist in diesem Zusammenhang nicht von Bedeutung.[77]

4.1.2 Effizienz

Hierbei kommt dann der Begriff Effizienz ins Spiel. Es lässt sich von Effizienz reden, wenn das Ziel des Nutzers in zügiger Art und Weise vervollständigt werden kann.[78]

Dieser genannte Aufwand äußert sich hierbei in Form einer psychischen oder physischen Beanspruchung, Zeit und Material sowie durch Kosten.[79]

---

[73] Vgl. Hilbig, Benjamin (2004): Usability Testing - ein Überblick. Seite 3.
[74] Vgl. Schmidts, Hermann (2008): Usability Evaluation: Identifizierung von Nutzungsproblemen mittels Eye-Tracking-Parametern. Seite 16.
[75] Vgl. DIN (1998): DIN Deutsches Institut für Normung e.V.: Ergonomische Anforderungen für Bürotä-tigkeiten mit Bildschirmgeräten - Teil 11: Anforderungen an die Gebrauchstauglichkeit; Leitsätze (ISO 9241-11:1998). Seite 4.
[76] Vgl. Beu, Andreas / Kempken, Ariane / Lorenzen-Schmidt, Olde / Röse, Kerstin (2003): Usability praktisch umsetzen: Handbuch für Software, Web, Mobile Devices und andere interaktive Produkte. Seite 3.
[77] Vgl. Beier, Markus / von Gizycki, Vittoria (2002): Usability - Nutzerfreundliches Web-Design. Seite 3.
[78] Vgl. Ebd. Seite 3.

4.1.3 Zufriedenheit

Unter dem Gesichtspunkt der Zufriedenheit ist hierbei eine subjektive Komponente zu verstehen. Von Nutzer zu Nutzer unterscheiden sich die Erwartungen. Von einer Erfüllung der Zufriedenheit lässt sich sprechen, wenn die Erwartungen des Nutzers entsprechend erfüllt oder übertroffen werden konnten.[80] Alle diese Aspekte wirken aufeinander ein. Wenn es in einem Punkt Mängel gibt, wirkt sich dies auch negativ auf die anderen Punkte aus. Von erfolgreicher Umsetzung der Zufriedenheit ist erst dann zu reden, wenn das System über die Erwartungen des Benutzers hinausragen konnte. Werden die Erwartungen immer wieder erfüllt, ist dabei parallel auch ein Anstieg des Anspruchs zu verzeichnen. Daraus resultierend lässt sich bemerken, dass Konkurrenzprodukte den Benutzer nur dann zufriedenstellen, wenn sie das gewohnte Produkt nochmal übertreffen.[81]

Zusammenfassend kann festgestellt werden, dass sich alle dieser drei Kriterien auf einem Optimum befinden müssen, damit eine bestmögliche Nutzerfreundlichkeit (Usability) erzielt werden kann.[82]

4.2 Usability-Probleme

Jedoch ist es nicht korrekt, den Grund für alle Probleme im Umgang mit der Software innerhalb der Usability zu suchen. Mögliche Schwierigkeiten in der Anwendung können auch aufgrund von ungenügendem Vorwissen der Benutzer bestehen.[83]

Die Folge daraus stellt eine Nutzung der Systeme in einem nicht vorgesehenen Rahmen dar. Von Usability-Problemen kann in dieser Gegebenheit also nicht gesprochen werden. Aus dieser Tatsache heraus kann eine Begriffsdefinition folgendermaßen lauten:

---

[79] Vgl. DIN (1998): DIN Deutsches Institut für Normung e.V.: Ergonomische Anforderungen für Bürotätigkeiten mit Bildschirmgeräten - Teil 11: Anforderungen an die Gebrauchstauglichkeit; Leitsätze (ISO 9241-11:1998). Seite 8.
[80] Vgl. Beier, Markus / von Gizycki, Vittoria (2002): Usability - Nutzerfreundliches Web-Design. Seite 3.
[81] Vgl. Ebd. Seite 4.
[82] Vgl. Beu, Andreas / Kempken, Ariane / Lorenzen-Schmidt, Olde / Röse, Kerstin (2003): Usability praktisch umsetzen: Handbuch für Software, Web, Mobile Devices und andere interaktive Produkte. Seite 3.
[83] Vgl. Brau, Hennig / Saraodnick, Florian (2006): Methoden der Usability Evaluation: Wissenschaftliche Grundlagen und praktische Anwendung. Seite 19 f.

Es lässt sich dann ein Usability-Problem feststellen, wenn die drei Hauptaspekte Effektivität, Effizienz und Zufriedenheit nicht vollständig erreicht werden und das, obwohl die Nutzerkenntnisse auf einem hohen Level waren.[84]

4.3 Usability-Engineering

Unter der Bezeichnung Usability Engineering ist das ingenieurmäßige Vorgehen zu verstehen, mit dessen Hilfe die Nutzbarkeit eines Systems ermittelt werden kann.[85]

Dabei existieren bestimmte Methoden, mit denen die Usability bestimmt werden kann, was auch das letztendliche Ziel von Usability Engineering darstellt.[86]

4.4 Methoden der Usability-Evaluation

Während des Usability Engineering-Prozesses werden bestimmte Methoden der Evaluation verwendet. Diese bewertet ein Projekt, welches zu planen ist, bereits läuft oder schon abgeschlossen wurde auf systematisch und objektive Art und Weise. Letztendlich sollen damit Usability-Probleme aufgezeigt und Lösungsvorschläge herausgearbeitet werden.[87]

Insgesamt unterteilen sich die Evaluations-Methoden in zwei großen Gruppen:

- Empirische Methoden: Hierbei werden mithilfe von Nutzerbefragungen Informationen beschaffen.

Analytische Methoden: Ausgewählte Experten versetzen sich hierbei in die Lage der Nutzer und geben unter Nutzung von Richtlinien eine Beurteilung ab.[88]

Die Summe aller Methoden können in zwei Kategorien eingeteilt werden: in empirische und analytische Methoden.

---

[84] Vgl. Daab, Theresa (2012): Methoden der Usability Evaluation: Wissenschaftliche Grundlagen und praktische Anwendung anhand von Fallbeispielen. Seite 3.
[85] Vgl. Cakir, Ahmet (2000): Usability Engineering - Vom Forschungsobjekt zur Technologie. Seite 15 f.
[86] Vgl. Schweibenz, Werner / Thissen, Frank (2002): Qualität im Web - Benutzerfreundliche Webseiten durch Usability Evaluation. Seite 65.
[87] Vgl. Brau, Hennig / Saraodnick, Florian (2006): Methoden der Usability Evaluation: Wissenschaftli-che Grundlagen und praktische Anwendung. Seite 19 f.
[88] Vgl. Ebd. Seite 113 f.

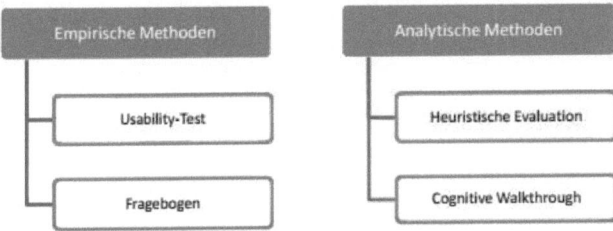

Abb. 16: Die Gruppierung der Evaluationsmethoden (In: Daab, Theresa (2012): Methoden der Usability Evaluation: Wissenschaftliche Grundlagen und praktische Anwendung anhand von Fallbeispielen. Seite 4.)

Zum Einsatz kommen die Methoden bereits in der Entwicklungsphase als Qualitätskontrolle des Systems. Hierbei wird von summativer Evaluation gesprochen. Die andere Seite stellt die formative Evaluation dar, welche eine begleitende Form der Entwicklung verkörpert.[89]

4.4.1 Heuristische Evaluation

In diesem Verfahren sind ausgewählte Gutachter zuständig für eine Überprüfung der nutzerfreundlichen Auszeichnung eines Produkts. Diese Erkenntnisse sammeln sie unter Anwendung gewisser anerkannter Prinzipien, welche Heuristiken genannt werden.[90]

Diese Prinzipien sind durch empirische Erkenntnisse begründet, welche Experten mithilfe von Experimenten erschaffen konnten.[91]

Die Zusammenarbeit von Nutzer und System wird durch die gewünschten Eigenschaften seitens der Heuristiken optimiert. Von einem möglichen Usability-Problem kann dann gesprochen werden, wenn eines dieser Prinzipien nicht erfüllt wurde.[92]

---

[89] Vgl. Herczeg, Michael (2005): Software-Ergonomie. Grundlagen der Mensch-Computer-Kommunikation. Seite 154.
[90] Vgl. Beier, Markus / von Gizycki, Vittoria (2002): Usability - Nutzerfreundliches Web-Design. Seite 90.
[91] Vgl. Brau, Hennig / Saraodnick, Florian (2006): Methoden der Usability Evaluation: Wissenschaftli-che Grundlagen und praktische Anwendung. Seite 118.
[92] Vgl. Ebd. Seite 135 f.

4.4.1.1 Ablauf

Heuristische Evaluationen erfolgen entsprechend dieser Reihenfolge:

Abb. 17: Der Ablauf der heuristischen Evaluation (In: Daab, Theresa (2012): Methoden der Usability Evaluation: Wissenschaftliche Grundlagen und praktische Anwendung anhand von Fallbeispielen. Seite 5.)

Im ersten Schritt kommt es zur Prüfung der bereits erstellten Heuristiken. Diese werden geschult, sodass jeder Gutachter ein manifestiertes Grundwissen erwerben kann. Auf diese Weise können die gewinnbringendsten Ergebnisse erzielt werden. Unter Nutzung der heuristischen Vorgaben vergleicht jeder Gutachter das Produkt. Dabei läuft jede Evaluation einzeln und nicht in Personengruppen ab. Somit wird ein Beeinflussen untereinander verhindert. In der Debriefing-Phase kommt es zur Diskussion und Abgleichung der erfassten Ergebnisse. Severity Rating bedeutet, dass aufgezeigte Mängel ermittelt und gewichtet werden. Die letzte Phase der Evaluation widmet sich der Dokumentation aller aufgezeigten Probleme in einem Bericht. Als Ergebnis daraus sollen passende Lösungsmöglichkeiten aufgestellt werden.[93]

4.4.1.2 Kritik

Die Hauptaspekte, welche für diese Methode sprechen, sind deren Einfachheit, Schnelligkeit und Kostengünstigkeit. Der leichte Lernprozess des Vorgehens, ohne weitere Mittel, stellt einen anderen positiven Gesichtspunkt dar. Da diese Methode nicht durch echte Nutzer, sondern mithilfe von Gutachtern durchgeführt wird, die sich lediglich in reale Benutzer herein versetzen, verhindert dies die Erkennung von manchen möglichen Problemen. Als Konsequenz daraus sollte zusätzlich ein Produkttest getätigt werden, im Rahmen dessen echte Anwender herangezogen werden. Oftmals kann bei der Ermittlung der Ergebnisse nicht von objektiven, sondern lediglich von subjektiven Lösungen gesprochen werden. Anders als

---

[93] Vgl. Nielsen, Jakob (1994): Heuristic Evaluation. Seite 38.

eine allgemein gültige Aussage, wird eher eine persönliche Meinung wiedergegeben.[94]

4.4.2 Cognitive Walkthrough

Eine weitere Möglichkeit, um die Usability einer Webseite oder eines Programms zu ermiteln, stellt der Cognitive Walkthrough dar. Bei dieser Methode kommt es innerhalb der Vorbereitung zur Entwicklung der richtigen Handlungsabfolgen. Dabei sollen die Systemhandlungen direkt durch den Nutzer getätigt werden. So lassen sich auch mögliche Probleme feststellen. Eine ähnliche Herangehensweise stellt der Pluralistic Walkthrough dar. Die Handlungen werden dabei von allen involvierten Parteien durchgeführt, darunter Benutzer, Entwickler und Experten. Diese Variante bringt den Vorteil, dass in der Gruppe aller Beteiligten diskutiert werden kann und damit bessere Optimierungen und Lösungen zu finden sind.[95]

Der Hauptaspekt dieser Methode liegt in der klaren Trennung von Experten und Nutzern, denn lediglich die Experten sind an dieser beteiligt.[96]

4.4.2.1 Ablauf

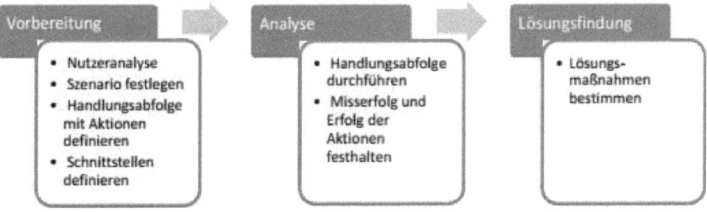

Abb. 18: Der Ablauf des Cognitive Walkthrough (In: Daab, Theresa (2012): Methoden der Usability Evaluation: Wissenschaftliche Grundlagen und praktische Anwendung anhand von Fallbeispielen. Seite 7.)

---

[94] Vgl. Brau, Hennig / Saraodnick, Florian (2006): Methoden der Usability Evaluation: Wissenschaftli-che Grundlagen und praktische Anwendung. Seite 105.
[95] Vgl. Beier, Markus / von Gizycki, Vittoria (2002): Usability - Nutzerfreundliches Web-Design. Seite 90.
[96] Vgl. Daab, Theresa (2012): Methoden der Usability Evaluation: Wissenschaftliche Grundlagen und praktische Anwendung anhand von Fallbeispielen. Seite 6.

4.4.2.2 Vorbereitung

Zunächst ist es notwendig, den Wissenstand der Zielgruppe und diese selbst, zu charakterisieren. Eine Festlegung des Arbeitsablaufs und die Definition der Aktionen sind sehr wichtig. Im Zusammenhang damit soll der angestrebte Ablauf seitens der Benutzer angegeben werden. Außerdem sollte dieser Arbeitsablauf natürlich realistisch sein. Ergänzend dazu erfolgt noch die Beschreibung des Systems, welches in Form eines Prototyps dargestellt wird.[97]

4.4.2.3 Analyse

Als Nächstes erfolgen das Durchgehen und die Bewertungen der einzelnen Handlungsschritte. Dafür existieren mehrere Leitfragen:

- Wird seitens des Nutzers angestrebt, das gewünschte Ziel zu erfüllen?

Hierbei wird ermittelt, ob die Nutzerintention und die Handlungsschritte untereinander stimmig sind.

- Lässt sich für den Nutzer direkt herauskristallisieren, dass die Möglichkeit einer Handlungsausführung besteht?

Es ist notwendig, dass eine klare Erkennbarkeit der Handlungsausführung ausgearbeitet wird.

- Ist es klar ersichtlich, ob die richtige Handlung das erzielte Ergebnis erreicht.

Wichtig ist hierbei die Verknüpfung von Intention und Handlung seitens des Nutzers.

- Ist der Erfolg, beziehungsweise der Fortschritt klar erkennbar, welcher sich nach ausführen der richtigen Handlung einstellt?

Es muss zu einer gewünschten Reaktion seitens des Programms nach richtiger Handlungsausführung kommen.[98]

---

[97] Vgl. Brau, Hennig / Saraodnick, Florian (2006): Methoden der Usability Evaluation: Wissenschaftli-che Grundlagen und praktische Anwendung. Seite 146 f.

[98] Vgl. Wharton, Cathleen (1994): The Cognitive Walkthrough Method: A Practitioner's Guide. Seite 124 f.

Am Ende des Verfahrens geben die Antworten der Leitfragen Aufschluss darüber, an welchen Stellen die Nutzung der Programme Probleme aufweist. Die aufgezeigten Probleme werden zusammengetragen. Es wird von einer "Misserfolgsstory" geredet. Bei überhaupt keiner Schwierigkeit ist einer von "Erfolgsstory" die Rede.[99]

4.4.2.4 Lösungsfindung

In diesem Arbeitsschritt sollen die ermittelten Probleme mithilfe von gewählten Maßnahmen zur Lösung beseitigt werden.[100]

4.4.2.5 Kritik

Neben einer Anzahl von Vorteilen, existieren beim Cognitive Walkthrough auch Nachteile. Da für jede einzelne Aufgabe ein Walkthrough zu erstellen ist, ergibt sich dadurch ein erhöhter Aufwand. Außerdem muss eine umfangreiche Analyse der Aufgabe durchgeführt werden, bevor der eigentliche Umsetzungsprozess überhaupt begonnen werden kann.[101]

Als Schlussfolgerung daraus lässt sich feststellen, dass diese Technik einen hohen Zeit- und Arbeitsaufwand mit sich bringt. Außerdem sind die Ergebnisse letztendlich auch nicht unbedingt verifizierbar, da die Durchführung auch wieder durch Gutachter und Experten stattfindet, anstelle von echten Programmnutzern.[102]

4.4.3 Fragebögen

Die Bestandteile eines Fragebogens sind entweder Fragen, beziehungsweise Aussagen, welche die Nutzer im Erarbeitungsprozess einer Software ausfüllen müssen. Für eine zusätzliche Beurteilung der Nutzbarkeit, ist es außerdem möglich, dass Experten herangezogen werden.[103]

---

[99] Vgl. Brau, Hennig / Saraodnick, Florian (2006): Methoden der Usability Evaluation: Wissenschaftli-che Grundlagen und praktische Anwendung. Seite 146 f.
[100] Vgl. Ebd. Seite 146 f.
[101] Vgl. Wharton, Cathleen (1994): The Cognitive Walkthrough Method: A Practitioner's Guide. Seite 146 f.
[102] Vgl. Saier, Stefanie (2007): Web Usability - Gestaltungskriterien und Evaluationsverfahren. Seite 148.
[103] Vgl. Schweibenz, Werner / Thissen, Frank (2002): Qualität im Web - Benutzerfreundliche Webseiten durch Usability Evaluation. Seite 119.

Unter der Bedingung, dass die Nutzer sich im Vorfeld in einem ausreichenden Rahmen mit der Software, die beurteilt werden soll, auseinandergesetzt haben, geben sie ihr möglichst subjektives Urteil durch das Heranziehen von Fragebögen ab. Mithilfe von personenspezifischen Erfahrung und Assoziationen der Nutzer, kann das Ergebnis der Befragung festgestellt werden.[104]

Um einen Test mithilfe eines Fragebogens durchführen zu können, müssen gewisse vorgegebene Standards eingehalten werden. Deswegen sollte er den Testpersonen relativ früh gereicht werden, um die möglichst gleichen Voraussetzungen zu schaffen. Nach einer Einstiegsaufgabe werden den Nutzern immer dieselben Fragestellungen vorgestellt, welche sie lösen sollen. Bei der Notwendigkeit einer zusätzlichen Erklärung, ist dies direkt mit dem Testenden zu vollziehen. Des Weiteren sollte sich der Versuchsleiter während der Durchführung der Versuchsaufgaben relativ diskret und inaktiv verhalten. Ansonsten können die Probanden zu sehr beeinflusst oder sogar in die Annahme einer bestimmten Tendenz getrieben werden. Nur wenn wirklich Handlungsbedarf besteht, aufgrund von Ratlosigkeit seitens der Testperson, sollte der Leiter aktiv werden. Unbedingt muss dabei sichergestellt werden, dass alle Versuchsteilnehmer die gleichen Grundvoraussetzungen haben sowie dieselben Aufgaben ausführen. Im Anschluss an das korrekte Lösen der Problemstellungen, wird der Fragebogen ausgehändigt. Auch hierbei sollte der Testaufseher wiederum eher inaktiv agieren. Nach der Vollendung dieser Arbeitsschritte kommt es zur Durchführung des Interviews mit den Probanden.[105]

Ein absolut wichtiger Faktor innerhalb eines Nutzbarkeits-Tests ist die Zeit. Dadurch, dass die Ausführung der einzelnen Aufgaben relativ zeitanspruchsvoll ist, sollte der Fragebogen im Anschluss im Vergleich eher zügig ausfüllbar sein. Dabei sind entweder Felder zum Ankreuzen oder Antwortmöglichkeiten in kurzen Sätzen oder Stichpunkten vonnöten. Ein vollendeter und guter Fragebogen muss über die folgenden Bestandteile verfügen. Dazu zählen die Inhalte der zu untersuchenden Software, die Usability und die Ästhetik. Diese drei Hauptbe-

---

[104] Vgl. Brau, Hennig / Saraodnick, Florian (2006): Methoden der Usability Evaluation: Wissenschaftli-che Grundlagen und praktische Anwendung. Seite 169.
[105] Vgl. Jotz, Melanie (2016): Fragebögen als Ergänzung des Usability Tests. Forschungsbeiträge der eResult GmbH. In: http://www.eresult.de/ux-wissen/forschungsbeitraege/einzelansicht/news/frageboegen-als-ergaenzung-des-usability-tests/ (Stand: 04.08.2017)

standteile müssen wiederum weitere Komponenten erfüllen, die auf der nachfolgenden Grafik orange gekennzeichnet sind.

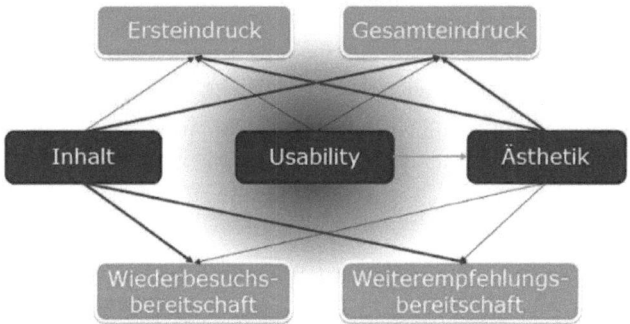

Abb. 19: Darstellung der wichtigsten Aspekte eines Fragebogens (Jotz, Melanie (2016): Fragebögen als Ergänzung des Usability Tests, In: Forschungsbeiträge der eResult GmbH. In: http://www.eresult.de/ux-wissen/forschungsbeitraege/einzelansicht/news/frageboegen-als-ergaenzung-des-usability-tests/ (Stand: 04.08.2017))

Es sind alle Komponenten des Fragebogens, ergänzend durch die einzelnen Abhängigkeiten, zu sehen. Dabei bilden die „fett" gekennzeichneten Pfeile eine direkte Wirkung aufeinander ab. Im Zusammenhang damit wirkt sich auf den ersten Eindruck des Fragebogens zunächst dessen Ästhetik ab. Die Software muss also im Allgemeinen zuallererst einen positiven Eindruck auslösen. Wichtiger in Bezug auf eine zielführende Arbeitsweise mit dem Programm sind also das Vorhandensein und die Stimmigkeit der einzelnen möglichen Funktionen. Ergänzend sollte eine relativ zügige Einführung und daraus resultierend, eine sinnvolle, gewinnbringenden Nutzbarkeit der Software gewährleistet werden. All diese Aspekte in Kombination ermöglichen einen reibungslosen Umgang mit einem Programm.[106]

4.4.3.1 Ziele

Dieses Mittel der Datenerhebung ermöglicht es, quantitative Behauptungen bezüglich eines Probandentests zu erfassen.[107] Es bietet außerdem eine Übersicht

---

[106] Vgl. Ebd. (Stand: 04.08.2017)
[107] Vgl. Brau, Hennig / Saraodnick, Florian (2006): Methoden der Usability Evaluation: Wissenschaftliche Grundlagen und praktische Anwendung. Seite 169 f.

des gegenwärtigen Software-Angebots und lässt letztendlich repräsentative Behauptungen zu.[108]

4.4.3.2 Teilnehmer

Eine weitere bedeutende Gegebenheit im Rahmen eines solchen Testes ist die Anzahl der Teilnehmer. In Bezug auf den Test, welcher im Rahmen dieser Arbeit durchgeführt und im Kapitel 5 beschrieben wird, lässt sich jedoch nicht von einer Repräsentativität sprechen, da er lediglich mit 7 Personen vollzogen wurde. Manifeste Aussagen lassen sich allerdings erst ab einer Anzahl von etwa 30 Probanden treffen. Jedoch ist es letztendlich dennoch möglich, stichprobenartige Aussage zu formulieren. Im Fall des vorliegenden Software-Tests können somit zumindest Thesen aufgestellt werden, die zumindest als eine Art Orientierung und Wegweisung dienen.[109]

Im Allgemeinen gesehen sind mit einem Fragebogentest nicht zu vernachlässigbare Anstrengungen innerhalb aller notwendigen Arbeitsschritte verbunden. Dazu ergänzend sind die Ergebnisse eines Fragebogens erst ab einer relativen Probandenanzahl wirklich wissenschaftlich anwendbar. Es ist von einer Repräsentativität ab etwa 30 Testpersonen zu sprechen.[110]

4.4.3.3 Organisator

Im Rahmen des Tests ist geringstenfalls eine leitende Person vonnöten. Diese Person muss Kenntnisse über den Aufbau und den Inhalt des Fragebogens besitzen. Bei umfangreicheren Studien können auch mehrere Menschen als Leiter fungieren und wechselseitig agieren.[111]

---

[108] Vgl. Usability in Germany (UIG) e.V. (ohne Autor, ohne Jahr): In: Fragebogen. Ziele. https://www.usability-in-germany.de/definition/fragebogen. (Stand: 07.08.2017)

[109] Vgl. Jotz, Melanie (2016): Fragebögen als Ergänzung des Usability Tests, In: Forschungsbeiträge der eResult GmbH. In: http://www.eresult.de/ux-wissen/forschungsbeitraege/einzelansicht/news/frageboegen-als-ergaenzung-des-usability-tests/ (Stand: 04.08.2017)

[110] Vgl. Backhaus, Claus (2009): Usability-Engineering in der Medizintechnik: Grundlagen - Methoden - Beispiele. Seite 347.

[111] Vgl. Usability in Germany (UIG) e.V. (ohne Autor, ohne Jahr): In: Fragebogen. Beteiligte. Organisator. https://www.usability-in-germany.de/definition/fragebogen. (Stand: 07.08.2017)

4.4.3.4 Vorbereitung

In der Vorbereitungsphase der Tests müssen die angestrebten Ziele zunächst einmal formuliert werden. Des Weiteren wird die Art des Fragebogens festgelegt. Die Kriterien wonach die Testprobanden ausgewählt werden sollen sind wichtig. Dann muss natürlich auch der Fragebogen selbst, zuzüglich der Problemstellungen, angefertigt werden. Letztendlich sollte der Fragebogen einer Probe unterzogen werden sowie eine Planung der Auswertung erfolgen.[112]

4.4.3.5 Durchführung

Im Rahmen dieses Arbeitsschrittes erarbeiten die Probanden die Problemstellungen und finden für diese Lösungen.[113]

4.4.3.6 Nachbereitung

Hierbei werden die Lösungsvorschläge der Nutzer ausgewertet und Schlussfolgerungen daraus gezogen.[114]

4.4.3.7 Ergebnisse / Output

Letztendlich wird ergründet, ob ein fehlerfreier, einfacher und gewinnbringender Umgang mit dem Programm im Rahmen des Möglichen liegt.[115]

4.4.3.8 Vorteile

Zu den Vorteilen, die Tests mithilfe von Fragebögen mit sich bringen, zählen zum einen die relativ hohe Gewährleistung der Objektivität. Dies liegt darin begründet, dass die Teilnehmer so gut wie gar nicht durch weitere Personen beeinflusst werden. Eine Vielzahl von verschiedenen Daten kann das Ergebnis einer solchen Ver-

---

[112] Vgl. Usability in Germany (UIG) e.V. (ohne Autor, ohne Jahr): In: Fragebogen. Vorgehen. Vorbereitung. https://www.usability-in-germany.de/definition/fragebogen. (Stand: 07.08.2017)

[113] Vgl. Usability in Germany (UIG) e.V. (ohne Autor, ohne Jahr): In: Fragebogen. Vorgehen. Durchführung. https://www.usability-in-germany.de/definition/fragebogen. (Stand: 07.08.2017)

[114] Vgl. Usability in Germany (UIG) e.V. (ohne Autor, ohne Jahr): In: Fragebogen. Vorgehen. Nachbereitung. https://www.usability-in-germany.de/definition/fragebogen. (Stand: 07.08.2017)

[115] Vgl. Usability in Germany (UIG) e.V. (ohne Autor, ohne Jahr): In: Fragebogen. Ergebnisse / Output. https://www.usability-in-germany.de/definition/fragebogen. (Stand: 07.08.2017)

suchsanordnung sein. Die Nutzung eines Fragebogens kann schnell Antworten auf gestellte Fragen liefern.[116]

4.4.3.9 Nachteile

Zu den Nachteilen eines Fragebogens kann der relativ hohe Zeitaufwand in punkto Erstellung und Nachbereitung zählen. Um eine Repräsentativität der Tests zu erreichen, müssen Probanden in einer hohen Anzahl zur Verfügung stehen.[117]

4.4.3.10 Varianten

Die Fragebögen können beispielsweise in ausgedruckter Form oder auch als Online-Variante erzeugt werden.[118]

Jedoch gehen die Meinungen über diese Thematik teils weit auseinander, weshalb eine klare Reihenfolge unter allen Möglichkeiten einer Datenerhebung nicht festzulegen ist. Laut Manhartsberger ist der Einsatz eines Fragebogens nicht gerade gewinnbringend:[119]

"Die Bewertung eines interaktiven Systems durch Benutzer selbst funktioniert nicht: Ein Benutzer kann nicht, während er am Computer agiert und eine Aufgabe löst, gleichzeitig seine Handlungen analysieren."[120]

Alles in allem sind die Fragebögen als Mittel der Datenerhebung nicht zu vernachlässigen, da sie zum einen keinerlei Kosten mit sich bringen und zum anderen mithilfe einer hohen Bandbreite an Nutzern durchgeführt werden können.[121]

---

[116] Vgl. Usability in Germany (UIG) e.V. (ohne Autor, ohne Jahr): In: Fragebogen. Vorteile. https://www.usability-in-germany.de/definition/fragebogen. (Stand: 07.08.2017)

[117] Vgl. Usability in Germany (UIG) e.V. (ohne Autor, ohne Jahr): In: Fragebogen. Nachteile. https://www.usability-in-germany.de/definition/fragebogen. (Stand: 07.08.2017)

[118] Vgl. Usability in Germany (UIG) e.V. (ohne Autor, ohne Jahr): In: Fragebogen. Varianten. https://www.usability-in-germany.de/definition/fragebogen. (Stand: 07.08.2017)

[119] Vgl. Hartmann, Markus (2008): Usability Untersuchung eines Internetauftritts nach DIN EN ISO 9241: Am Praxisbeispiel der Firma Mafi Transport-systeme GmbH. Seite 7.

[120] Vgl. Manhartsberger, Martina. (2001): Usability Galileo. Seite 330.

[121] Vgl. Hartmann, Markus (2008): Usability Untersuchung eines Internetauftritts nach DIN EN ISO 9241: Am Praxisbeispiel der Firma Mafi Transport-systeme GmbH. Seite 7.

5 Durchführung von Probanden-Tests mithilfe der Software MemBrain

5.1 Was ist MemBrain?

Das Programm MemBrain stammt von Thomas Jetter und zählt zur Kategorie "open-source", worunter Programme zu verstehen sind, die durch den Anwender kostenfrei nutzbar sind. Darüber hinaus bietet es einen problemlosen Einstieg für neue Nutzer, was einen wichtigen Vorteil gegenüber Konkurrenzprodukten darstellt. Für eventuellen Fragen und Problemstellungen im Programmumgang, existiert ergänzend eine umfangreiche Hilfefunktion. In den folgenden Kapiteln sollen die Grundfunktionen von MemBrain erläutert werden. Darunter zählen die Erstellung von Units und Verbindungen sowie das Treffen der Entscheidung für eine Aktivitätsfunktion. Abschließend werden die eigentlichen Trainings- und Testphasen nähergebracht.[122]

5.2 Grundlagen

Der Grundgedanke von neuronalen Netzen liegt in den Neuronen-Netzen, welche sich im menschlichen Gehirn befinden.

Die Wissenschaftler Warren McCulloch und Walter Pitts gelten als Begründer des formalen Neuronen-Modells, welches sie im Jahr 1943 erschufen. Im Groben existieren zwei unterschiedliche Hauptanwendungsbereiche bezüglich neuronaler Netze:

- Die Darstellung und Erläuterung der Funktionalität eines humanoiden Gehirns
- Die Beantwortungen für bestimmten Schwierigkeiten in Anwendungsfällen aus der Wissenschaft und Technik

Im Wesentlichen werden derartige Netze mithilfe von Matrizen berechnet.[123]

---

[122] Vgl. Ohne Autor (Jahr unbekannt): In: Neuronale Netze. Eine Einführung. Druckversion der Internet-seite www.neuronalesnetz.de. Seite 61. (Stand: 01.08.2017)

[123] Vgl. Ebd. Seite 1. (Stand: 01.08.2017).

5.2.1 Input und Netzinput

Es lässt sich eine Abhängigkeit in zweierlei Hinsicht in Bezug auf den Input, welches das Neuron aufnimmt, feststellen. Diese beiden Werte hängen in einem multiplikativen Sinne miteinander zusammen. Der eine Wert ist der Output, welcher die jeweilige sendende Einheit ausführt oder das Gewicht, welches sich in mitten der Neuronen befindet.

Unter dem kompletten Input, welcher auf eine Unit trifft, ist der sogenannte Netzinput zu verstehen. Um diesen Wert zu ermitteln, findet die Propagierungsfunktion seine Anwendung.[124]

5.3 Funktionsweise von MemBrain

Der folgende Abschnitt der Arbeit dient dazu die Gesamtheit der Funktionen zu beschreiben. Außerdem soll letztendlich ohne Fragen und weitere Schwierigkeiten nachvollziehbar sein, wie neuronale Netze zu erstellen sind und welche grundlegenden Phasen zwingend innerhalb der Software erarbeitet werden müssen. Nach dem Öffnen des Programms müssen einige Voreinstellungen getätigt werden. Im Anschluss daran werden die Units, samt Verbindungen zwischen ihnen, erstellt. Daran anschließend muss die Art der Aktivitätsfunktion bestimmt werden. Die beiden letzten Arbeitsschritte sind durch die Trainings- sowie die Testphase gekennzeichnet. All diese Aspekte werden in den nachfolgenden Punkten vorgestellt.

5.3.1 Anpassungen der Voreinstellungen

Im Vorfeld der Programmbenutzung ist eine Anpassung der Voreinstellungen notwendig. Diese Punkte sollten dabei bearbeitet werden:

Bei Klick auf den Hauptmenüpunkt „View" sowie die weitere Auswahl „Show Activation Spikes on Links", ist es wichtig, dass kein Haken vermerkt ist.

Im selben Hauptmenüpunkt, dann „Show Fire Indicators" muss selbige Situation wie im Arbeitsschritt zuvor vorliegen.

Bei Klicken auf „Teach" und danach auf „Set Teach Speed..." öffnen sich ein neues Fenster. In diesem Dialogfenster ist es wichtig, den Wert „0" in „1" zu ändern.

---

[124] Vgl. Ebd. Seite 4. (Stand: 01.08.2017).

Weitere Konfigurationen sind nicht erforderlich. Außerdem werden von da an alle Einstellungen nach dem Schließ- und Öffnungsvorgang beibehalten.[125]

5.3.2 Erstellen von Units

Unter den Neuronen, auch Units genannt, sind die Grundeinheiten von neuronalen Netzen zu verstehen. Andere Synonyme stellen die Begriffe Einheiten und Knoten dar. Die Funktion dieser Bestandteile liegt zum einen in der Informationsaufnahme. Diese Informationen besitzen dabei ihre Herkunft aus der Umwelt oder stammen direkt von anderen Neuronen. Außerdem ist es ihnen möglich, eine weitergebende Aufgabe auszuführen.

Im genauen lassen sich drei Arten von Neuronen differenzieren:

- Input-Units
- Hidden-Units
- Output-Units

Den Input-Units ist es lediglich möglich, Signale (sogenannte Reize oder Muster) von außen her aufzunehmen.

Sogenannte Hidden-Units sind innerhalb der Input- und Out-Units vorhanden und verbinden beides Schichten miteinander.

Die Out-Units leiten die Signale, die ursprünglich von den Input-Units aufgenommen wurden, weiter nach außen.[126]

Zu Beginn des Arbeitsvorgangs mit MemBrain wird ein schwarzer Bildschirm, befindlich im oberen Bereich des Bildschirms, angezeigt, auf welchem die Units positioniert werden können. Dies ist per Klick auf das Symbol ▫, welches sich im Bereich der Werkzeugleiste befindet, möglich. Alternativ geht es auch durch Anwahl von "Insert", gefolgt von "New Neurons". Diese Befehle sind im Hauptmenü zu finden. Nun ist es möglich, Units abzubilden, wie in der nachfolgenden Grafik dargestellt:

---

[125] Vgl. Ebd. Seite 62. (Stand: 01.08.2017).
[126] Vgl. Ebd. Seite 63. (Stand: 01.08.2017).

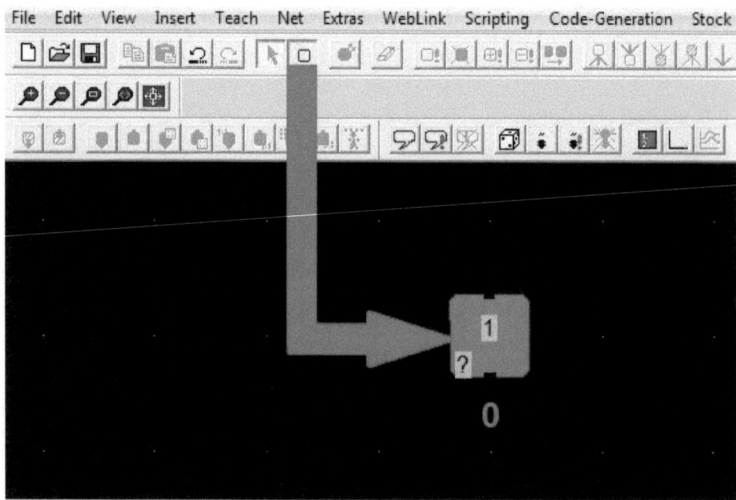

Abb. 20: Erstellung einer Unit mittels MemBrain (eigene Darstellung)

Daran anknüpfend ist es wichtig, entweder das Symbol ▶ anzuklicken oder die „ESC"-Taste zu drücken. Nur dadurch kann der Cursor der Maus weiterhin verwendet werden. Mithilfe der rechten Maustaste muss nun auf diese Unit geklickt werden. Im sich daraufhin öffnenden Aufklappmenü ist „Properties" zu wählen. Dieser Arbeitsschritt ist zudem per Doppelklick auf die Unit realisierbar.[127]

Im jetzigen Arbeitsschritt erfolgt die Beschreibung der Unit mit sogenannten Objekteigenschaften. Zunächst wird sich nur auf die Art der Unit bezogen. Es ist hierbei „Type" anzuwählen, wobei die Eigenschaft „HIDDEN" voreingestellt ist. Neben „HIDDEN" sind noch „INPUT" und „OUTPUT" wählbar. Dahinter verbergen sich die sogenannten Input-, Hidden- und Output-Units. Hinsichtlich der ersten Unit ist es notwendig, diese durch „INPUT" zu bestimmten. In Folge dessen wird die Wahl mit „OK" bestätigt.

---

[127] Vgl. Ebd. Seite 63. (Stand: 01.08.2017).

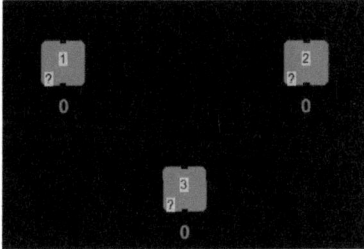

Abb. 21: Drei Units in MemBrain (eigene Darstellung)

Im Anschluss daran erhält die Input-Unit im oberen Bereich einen hellblauen Pfeil. Um letztendlich ein Netz zu erzeugen, müssen zwei weitere Units positioniert werden, wobei einer davon ebenfalls „INPUT" und der anderen „OUTPUT" zugeschrieben wird. Wichtig hierbei ist, dass sich die Output-Unit gegenüber den beiden Input-Units im unteren Bereich befindet (siehe Abbildung 21). Im nächsten Schritt werden die Verbindungen zwischen den einzelnen Units erzeugt.[128]

5.3.3 Erstellen von Verbindungen

Die Verbindungen zweier Units erfolgt mithilfe von Kanten, wobei die Neuronenstärke dieser Verknüpfungen unter Nutzung eines Gewichts verkörpert wird. Die Höhe eines Gewichtsbetrags trägt auch maßgeblich zu der Beeinflussung der Units untereinander bei.

Besitzt das Gewicht den Wert 0, lässt sich keine direkte Abhängigkeit der Neuronen untereinander feststellen. Das Gewicht ist dann positiv, wenn die Neuronen untereinander eine steigernde Wirkung aufweisen und negativ, bei einer Hemmung.

Die Speicherung des Wissens erfolgt in einem neuronalen Netz mithilfe von deren Gewichten, während sich der eigentliche Lernvorgang in Form einer Änderung der Gewichte äußert. Dabei sind Unterschiede zwischen den jeweiligen angewendeten Lernregeln festzustellen.

Die Möglichkeit, Units miteinander zu verbinden, besteht mithilfe der kleinen „Lücke" unterhalb der beiden Input-Units. Sobald dieser Bereich per Cursor erreicht wird, entsteht dort ein dunkelblaues Viereck. Unter Nutzung der linken Maustaste kann von diesem Quadrat aus eine Verbindung bis hin zu der „Lücke"

---

[128] Vgl. Ebd. Seite 63. (Stand: 01.08.2017).

oberhalb der Output-Units erstellt werden. Letztendlich müssen beide Inputs jeweils mit dem Output verknüpft sein. Diese Arbeitsphase ist dann erfolgreich beendet, sobald beide Verbindungen in der Farbe Rot dargestellt sind.[129]

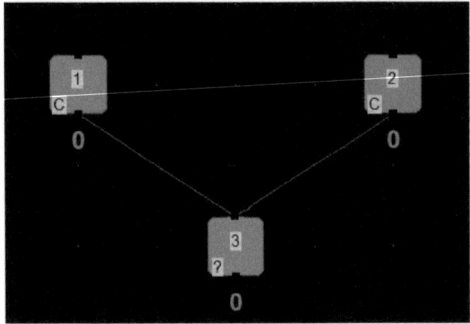

Abb. 22: Drei miteinander verbundene Units in MemBrain (eigene Darstellung)

5.3.4 Auswählen einer Aktivitätsfunktion

Um die Aktivitätsfunktion zu ermitteln, ist, wie auch bei der Typenbestimmung, der Menüpunkt „Properties" der Schlüssel zum Erfolg. Nun ist es notwendig, einen Doppelklick auf die Output-Unit auszuführen. Unter der Befehlsübersicht „Activation Function" sind im Allgemeinen fünf Aktivitätsfunktionen selektierbar, wobei die Funktion „LOGISTIC" voreingestellt ist. Diese wird auch beibehalten und als nächster Arbeitsschritt folgt die Trainingsphase. Dabei wird ein „Oder-Gatter" angewandt.[130]

5.3.5 Trainingsphase

Zunächst ist es notwendig, die einzelnen Daten des Oder-Gatters bezüglich der Inputs und des Outputs anzulegen. Um dies zu realisieren, müssen der Menüpunkt „Teach" und anschließend der „Lessen Editor" selektiert werden. Anderenfalls ist das auch per Klick auf das Symbol ▪ durchführbar.

---

[129] Vgl. Ebd. Seite 64. (Stand: 01.08.2017).
[130] Vgl. Ebd. Seite 65. (Stand: 01.08.2017).

Input 1	Input 2	Output
0	0	0
1	0	1
0	1	1
1	1	1

Abb. 23: Wahrheitstabelle für das Oder-Gatter (eigene Darstellung)

Im Rahmen dieses Gatters soll erreicht werden, dass der Output im ersten Fall eine „0" ausgibt. Das gilt unter der Voraussetzung, dass beide Inputs inaktiv sind. Innerhalb der anderen drei Gegebenheiten wird der Output aktiv sein, vorausgesetzt, es wird jeweils eine „1" hervorgebracht. Die Tabelle, dargestellt auf der Abbildung 23, verdeutlicht die angewandten vier Zustände.

Letztendlich sollen dem neuronalen Netz vier „Pattern" (Muster) zur Verfügung stehen. Per Anwahl der „New Pattern"-Schaltfläche ist es möglich, weitere Muster hinzuzufügen. Der „Lesson Editor" muss jetzt über die Aussage „Pattern No. 4 of 4" verfügen, welche in der Mitte des Fensters zu finden ist. Jedes der Muster ist mithilfe der Pfeile, befindlich auf der rechten Fensterseite anwählbar. Darauffolgend müssen den einzelnen „Pattern" jeweils die Werte des Oder-Gatters zugeschrieben werden. Eine Sicherung der Daten ist innerhalb des „Lesson Editors" per Klick auf „File" und dann „Save Lesson" möglich. Anschließend kann dieser Editor wieder geschlossen werden.[131]

Der nächste Arbeitsschritt erfordert, dass die Gewichte mit Zufallswerten beschrieben werden. Außerdem wird dadurch auch der Aktivierungs-Schwellwert der Output-Unit bestimmt. Um dies durchzuführen, ist die Auswahl von „Net" und dann „Randomize Net" notwendig. Infolgedessen ist zu bemerken, dass die verbindenden Linien inmitten der Neuronen eine Farbveränderung vollzogen haben. Je nach Beschaffenheit der Verbindungsstärken können entweder Blau-, Grau-, oder Rottöne entstehen.

---

[131] Vgl. Ebd. Seite 66. (Stand: 01.08.2017).

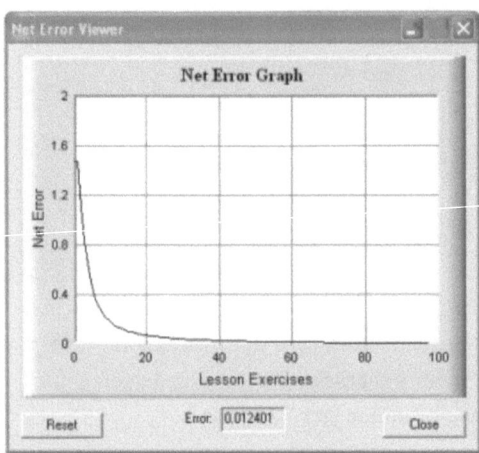

Abb. 24: Fehlerkurve des neuronalen Netzes für die ersten ca. 100 Durchläufe (Vgl. In: Neuronale Netze. Eine Einführung. Druckversion der Internetseite www.neuronalesnetz.de. Seite 67. (Stand: 01.08.2017).

Nun ist es vonnöten, den „Net Error Viewer" anzuwählen. Das ist durch „Teach", alternativ auch durch Klicken des ⌐-Buttons zu erreichen. Danach sollte das Netz trainiert werden. Hierfür ist auf den Start-Button ● zu klicken. Auf anderem Wege ist dies auch per Drücken auf „Teach" und „Start Teacher (Auto)" möglich. Im Anschluss daran muss der Netzwerkgraph in etwa wie auf der Abbildung 24 aussehen.[132]

Bei genauerer Betrachtung dieses Graphes ist festzustellen, dass sich die Fehlerhäufigkeit eher gering verhält und im späteren Verlauf gegen Null konvergiert. Dadurch lässt sich im Endeffekt eruieren, dass ein solches Oder-Gatters auf bestem Wege durch ein neuronales Netz dargestellt werden kann. Im letzten Arbeitsschritt dieser Phase wird das Training des neuronalen Netzes unter Nutzung der „Teach" und dann „Stop Teacher (Auto)" beendet. Anschließend an das Trainieren wird innerhalb der Testphase abgefragt, ob das jeweilige Netz wirklich mithilfe eines Oder-Gatters zu beschreiben ist.[133]

---

[132] Vgl. Ebd. Seite 66-67. (Stand: 01.08.2017).
[133] Vgl. Ebd. Seite 66-67. (Stand: 01.08.2017).

5.3.6 Testphase

Um diesen Sachverhalt fehlerfrei abhandeln zu können, muss nochmals der „Lesson Editor" geöffnet werden. Innerhalb dieses Fensters wird „Data to Net" angewählt. Dadurch kann dem Netz ein jedes Muster zugespielt werden. Nach Wahl eines der „Pattern" ist auf „Think on Input" zu klicken. Daraufhin wird auf der Arbeitsoberfläche des Programms eine Zahl unterhalb der Output-Unit zu sehen sein. Wenn im Rahmen der Muster mindestens eine oder beide Input-Units agieren, wird die Output-Unit einen Wert annehmen, der sich nahe der „1" befindet. Da beispielsweise im ersten Muster beide Input-Units inaktiv sind, wird sich der Wert des Outputs nur etwas über „0" befinden. Auf diese Art und Weise müssen alle „Pattern" kontrolliert werden. Aus Gründen der Schnelligkeit ist die Nutzung der Schaltfläche „Think on Next Input" zu empfehlen. Dadurch werden die jeweiligen Muster auf automatischem Wege dem Netz überspielt. Bei Bedarf kann an dieser Stelle ein erneutes Trainieren des Netzes vollzogen werden. Die Software „MemBrain" bietet ergänzend dazu noch weitere Funktionen, welche für die Betrachtungen dieser Arbeit jedoch zu vernachlässigen sind.[134]

5.4 Beschreibung der Probanden-Tests

In Vorbereitung auf die Probanden-Tests musste zunächst einmal überlegt werden, welches Programm hierfür am besten geeignet wäre. Letztendlich wurde die „Open-source"-Software MemBrain ausgewählt.

Nach den ersten eigenen Übungen im Umgang mit dem Programm, konnte festgestellt werden, dass ein direktes, problemloses Arbeiten nicht wirklich möglich war. Nur mithilfe von Tutorials und anderen Hilfen war es machbar, neuronale Netze innerhalb der Software zu erstellen. Die Durchführung der Testreihe erfolgte insgesamt mit sieben Personen, weshalb keine Rede von einer wirklichen Repräsentativität der Tests sein kann. Jeder Test umfasste eine Dauer von circa 30 - 40 Minuten. Da alle Probanden keinerlei Vorkenntnisse im Umgang mit MemBrain aufwiesen, stieg die Testdauer natürlich zusätzlich etwas an. Um den Testpersonen überhaupt erstmal einen sinnvollen Einstieg in die Thematik der neuronalen Netze und in die Software zu geben, wurde eine kleine Dokumentation erstellt, mithilfe dessen die Probanden eine Einstiegsübung durchführen mussten. Dieses Beispiel erfolgte anhand eines Oder-Gatters. Die Beispielübung wurde von allen

---

[134] Vgl. Ebd. Seite 68. (Stand: 01.08.2017).

Testprobanden erfolgreich gemeistert und die einzelnen Arbeitsschritte dabei soweit verinnerlicht, dass ein weitgehend selbstständiges und flüssiges Ausführen der folgenden Testübungen ab diesem Zeitpunkt möglich war. Im Genaueren zählten zu den weiteren Aufgaben dann die Erstellung von neuronalen Netzen unter Nutzung von XOR-, NOR-, und AND-Gattern. Nach dem erfolgreichen Ausführen der notwendigen Arbeitsschritte war es wichtig, dass die Fehlerkurve, resultierend aus Eingangs- und Ausgabewerten so klein wie möglich verläuft. Dieses Ziel wurde auch durchgehend erreicht.

Trotz der erfolgreichen Umsetzung der Tests ergaben sich natürlich einige Probleme, entweder seitens MemBrain selbst, aber auch logischerweise mit dem Umgang der Software. Nennenswert in punkto Programmfehler war zum einen, dass sich manche Ausklappmenüs oder Fenster gar nicht oder inhaltlich unvollständig öffneten. Um diesen Problemen Abhilfe zu schaffen, war ein kompletter Neustart des Programms und im schlimmsten Fall sogar eine Deinstallation mit anschließender erneuten Installation vonnöten.

Im Anschluss an die Tests, bekamen die Probanden einen Fragebogen ausgehändigt. Dieser Fragebogen beinhaltete zum einen einige demographische Daten und zum anderen die eigentlichen Fragen bezüglich der Tests. Neben Geschlecht, Altersgruppe, Bildungsabschluss und Beruf zählte zu den demographischen Daten die Frage, ob die Nutzer Vorkenntnisse im Thema Elektrotechnik und in der Thematik Neuronale Netze besitzen. Durch die Schule oder das Studium konnte in Bezug auf das Gebiet der Elektrotechnik schon von mehr oder weniger fundierten Kenntnissen ausgegangen werden. Jedoch gab es keinen Nutzer, der sich zuvor schon einmal mit neuronalen Netzen auseinandergesetzt hatte. Diese Tatsache erwies sich aber als nicht gravierend negativ, da somit eine objektivere Arbeitshaltung möglich war. Bei bereits erweitertem Wissen seitens der Testpersonen wäre es ansonsten zu einer schnelleren Einarbeitung in das Programm gekommen, da die Nutzer gewusst hätten, welche wesentlichen Schritte notwendig gewesen wären, um diese Netze zu erzeugen.

Der zweite, bedeutendere Teil des Fragebogens bestand aus drei grundlegenden Problemstellungen. Innerhalb dieser Fragen waren gewisse Stichworte gegeben, ansonsten konnten die Probanden frei antworten. Die erste Fragestellung bezog sich auf die einzelnen Probleme bezüglich Installation, bestimmter Einstellungen und der eigentlichen Software-Anwendung. Zweitens wurde gefragt, auf welche Art und Weise die Nutzer diese entstandenen Probleme lösen konnten. Diesbezüglich standen die Auswahlmöglichkeiten „selbstständig", „durch die Nutzung von Tutorials" oder „durch die Nutzung von Suchmaschinen" zur Verfügung. Der letzte große Fragenkomplex zielte auf die Erwartungen an die Software ab. Hierbei sollten die Befragten Empfehlungen geben, in welchen Bereichen Verbesserungen innerhalb des Programms getätigt werden müssten. Zu jedem Fragenkatalog sollte mindestens drei Angaben formuliert werden.

Ergänzend zu dem Fragebogen füllte der Testleiter ein Beobachtungsprotokoll aus, in dem die wesentlichen Auffälligkeiten innerhalb der einzelnen Tests notiert wurden. Im Anschluss daran fand eine Danksagung an jeden Probanden statt und die Untersuchungen waren damit beendet.

6 Zusammenfassung

Grundsätzlich lässt sich keine einheitliche Definition für neuronale Netze aufstellen, weshalb lediglich eine Unterscheidung in diverse Themenbereiche möglich ist.

6.1 Eigenschaften

6.1.1 Positive Eigenschaften

Zu den positiven Eigenschaften von neuronalen Netzen zählen die Lernfähigkeit mittels Lernverfahren unter der Verwendung von Trainingsdaten sowie die Generalisierungsfähigkeit, wobei Reize derselben Art zugeschrieben werden. Des Weiteren verfügen diese Netzwerke über eine massive Parallelität, wodurch mehrere Arbeits- und Rechenschritte zur gleichen Zeit ausgeführt werden können. Sie sind tolerant gegenüber Fehlern, die entstehen, wenn die Eingabedaten nicht korrekt sind oder bestimmte Komponenten ausfallen. Der letzte Pluspunkt von neuronalen Topologien ist die Möglichkeit einer, über das gesamte Netz ausgedehnten, verteilten Speicherung.

6.1.2 Negative Eigenschaften

Zu den negativen Komponenten von neuronalen Netzen zählt, dass es sich hierbei um einen eher langwierigen Lernprozess handelt. Dies begründet sich durch einen hohen Rechenaufwand. Außerdem ist ein detailliertes Nachvollziehen der Rechenergebnisse nicht wirklich realisierbar.[135]

6.2 Grundlagen

Zu den grundlegenden Themenschwerpunkten gehören zu allererst die Neuronen. Dabei existieren Eingabe- und Ausgabeschichten sowie versteckte Schichten. Fragestellungen, wie das menschliche Gehirn arbeitet oder Schwierigkeiten in der Anwendung zu beseitigen besitzen eine genauso hohe Wichtigkeit wie die bestmögliche Wahl einer Aktivitätsfunktion und die Belegung der Netzwerkverbindungen mit Gewichten. Daran anschließend wird geklärt, ob es sich um eine Form

---

[135] Vgl. Wottrich, Torsten (2007): Diplomarbeit Entwicklung, Implementierung und Test eines Neuronalen Netzes nach dem Backpropagation- Prinzip zur Klassifizierung von Ultraschallsignalen des Kolbenpositionssensors Sonocontrol14. Seite 35.

des überwachten oder unüberwachten Lernens handelt sowie, ob neuartige Reize oder Ausgangsreize vorliegen.[136]

6.3 Lernregeln

Das Themengebiet der Anwendung von Lernregeln stellt in der Problematik neuronaler Netze eine hohe Relevanz dar. Zu diesen Regeln zählen die Hebb'sche Regel sowie die Delta-Regel. Bei letzterer ist das Gradienabstiegsverfahren zu nennen sowie, dass es sich um lineare Netze handelt, welche über eine Schicht verfügen. Eine weitere Lernregelkategorie stellt das Verfahren der sogenannten Backpropagation dar. Hierbei greift auch das Gradientenabstiegsverfahren, jedoch handelt es sich bei dieser Art des Lernens, im Vergleich zur Delta-Regel, um nichtlineare Netze, welche über mehr als nur eine Schicht verfügen. Dazu ergänzend existiert noch der Wettbewerb, bei dem das „stärkste" Neuron „gewinnt".[137]

6.4 Netztypen

Bezüglich der verschiedenen Netztypen ist zum einen der sogenannte Pattern Associator, Musterassistent zu nennen. Hierbei treten keinerlei verborgene Schichten auf und die Hebb'sche- sowie die Delta-Regel finden ihre Anwendung. Als weitere Netzwerkart sind die rekurrenten Netze zu nennen. Bei diesen ist es möglich, dass verborgene Schichten einen Bestandteil darstellen. Außerdem findet die Backpropagation ihre Anwendung. Im Rahmen dieser Netzaktivitäten kann es sich um Netze mit aber auch ohne Rückkopplungen handelt. Eine Form des unüberwachten Lernens repräsentieren die sogenannten kompetitiven Netze, bei denen keinerlei verborgene Schichten vorkommen. Zu dieser Art des Lernens zählen außerdem die Kohonen-Netze.[138]

6.5 Anwendungen

Neuronale Netze werden zunächst zur Ab- und Nachbildung der einzelnen Funktionen des menschlichen Gehirns genutzt. Themenschwerpunkte hierbei sind das Lernen einer Sprache und des Lesens sowie der eigentliche Prozess der kognitiven Entwicklung. Des Weiteren wird beim Einsatz neuronaler Netze auf die Besei-

---

[136] Vgl. Ebd. Seite 36.
[137] Vgl. Ebd. Seite 36.
[138] Vgl. Ebd. Seite 36.

tigung von direkten Problemen innerhalb von verschiedenen Anwendungen abgezielt. Ein Gebiet, in dem diese Netze eingesetzt werden, ist die Industrie. Hier dienen sie zur Steuerung, Qualitätskontrolle und Bildverarbeitung. Innerhalb der Medizin werden Diagnosen sowie Analysen ermöglicht. Es lassen sich Prognosen aufstellen und Signaturen erfassen. Im Schwerpunkt der Telekommunikation dienen Neuronen-Netze zur Findung von Routingstrategien und zur Nutzung adaptiver Filter. Ergänzend zu all diesen Aspekten können sie für die Verbesserung von Fahrplänen eingesetzt werden. Im Straßenverkehr ist es mithilfe dieser Netze außerdem möglich, Hindernisse ausfindig zu machen.[139]

6.6 Verifizierung der Masterthesis

Im Rahmen der Masterarbeit war zu ergründen, ob es mithilfe einer Software auf einfachstem Wege möglich ist, neuronale Netzwerke zu erstellen. Die Probanden, welche das Programm MemBrain testeten, kamen aus unterschiedlichen gesellschaftlichen Schichten in Bezug auf Alter, Geschlecht, Schul- und Berufsabschluss. Keiner von ihnen verfügte über tiefergehende Kenntnisse im Fachgebiet neuronaler Netze. Nichtsdestotrotz konnten alle Testpersonen die geforderten Fragestellungen und Anforderungen im Rahmen ihres Vorwissens erfüllen. Natürlich können bei einem Testdurchlauf mit sieben Probanden keine wirklich repräsentativen Aussagen getroffen werden. Grundsätzlich lässt sich unter Beachtung der erwähnten Probleme im Umgang mit der Software feststellen, dass es mithilfe wissenschaftlich erarbeiteter Softwarelösungen durchaus möglich ist, neuronale Netzstrukturen abzubilden.

---

[139] Vgl. Ebd. Seite 36-37.

Literaturverzeichnis

Buchquellen

Alex, Björn (2013): Künstliche neuronale Netze in Management-Informationssystemen: Grundlagen und Einsatz-möglichkeiten. 2013.

Backhaus, Claus (2009): Usability-Engineering in der Medizintechnik: Grundlagen - Methoden - Beispiele. 2009.

Beier, Markus / von Gizycki, Vittoria (2002): Usability - Nutzerfreundliches Web-Design. 2002.

Bennert, Reinhard (2013): Soft Computing-Methoden in Sanierungsprüfung und -controlling: Entscheidungsunterstützung durch Computational Intelligence. 2013.

Beu, Andreas / Kemp-ken, Ariane / Loren-zen-Schmidt, Olde / Röse, Kerstin (2003): Usability praktisch umsetzen: Handbuch für Soft-ware, Web, Mobile Devices und andere interaktive Produkte. 2003.

Brau, Hennig / Saraodnick, Florian (2006): Methoden der Usability Evaluation: Wissenschaftliche Grundlagen und praktische Anwendung. 2006.

Braun, Heinrich (1997): Neuronale Netze. Optimierung durch Lernen und Evolution. 1997.

Braun, Heinrich / Feulner, Johannes / Malaka, Rainer (1996): Praktikum Neuronale Netze. 1996.

Cakir, Ahmet (2000): Usability Engineering - Vom Forschungsobjekt zur Technologie. 2000.

Cleve, Jürgen / Läm-mel, Uwe (2012): Künstliche Intelligenz. 2012.

Daab, Theresa (2012): Methoden der Usability Evaluation: Wissenschaftliche Grundlagen und praktische Anwendung anhand von Fallbeispielen. 2012.

Ertel, Wolfgang (2016): Grundkurs Künstliche Intelligenz. Eine praxisorientierte Einführung. 2016.

Friedrich, Andreas (2004): Neuronale Netze: Theoretische Grundlagen und Anwendung in der Verkehrszeichenerkennung. 2004.

Füser, Karsten (2013): Neuronale Netze in der Finanzwirtschaft. Innovati-ve Konzepte und Einsatzmöglichkeiten. 2013.

Guttsche, Thomas (2008): Untersuchungsmethoden von Web-Usability: ein kurzer Überblick. 2008.

Hartmann, Markus (2008): Usability Untersuchung eines Internetauftritts nach DIN EN ISO 9241: Am Praxisbeispiel der Firma Mafi Transport-systeme GmbH. 2008.

Herczeg, Michael (2005): Software-Ergonomie. Grundlagen der Mensch-Computer-Kommunikation. 2005.

Hilbig, Benjamin (2004): Usability Testing - ein Überblick. 2004.

Kandel, Eric (1995): Neurowissenschaften: Eine Einführung. 1995.

Manhartsberger, Martina. (2001): Usability Galileo. 2001.

May, Constantin (1996): PPS mit Neuronalen Netzen: Analyse unter Berücksichtigung der Besonderheiten der Verfahrensindustrie. 1996.

Nauck, Detlef D. / Klawonn, Frank / Kruse, Rudolf (1994): Neuronale Netze und Fuzzy-Systeme: Grundlagen des Konnektionismus, Neuronaler Fuzzy-Systeme und der Kopplung mit wissensbasierten Methoden. 1994.

Nielsen, Jakob (1994): Heuristic Evaluation. 1994.

Rascher, Markus (2013): Künstliche neuronale Netze zur Risikomessung bei Aktien und Renten: Am Beispiel deutscher Lebensversicherungsunternehmen. 2013.

Rojas, Raul (2013): Neural Networks: A Systematic Introduction. 2013.

Rösler, Frank (2011): Psychophysiologie der Kognition: Eine Einführung in die Kognitive Neurowissenschaft. 2011.

Saier, Stefanie (2007): Web Usability - Gestaltungskriterien und Evaluationsverfahren. 2007.

Scherer, Andreas (1997): Neuronale Netze: Grundlagen und Anwendungen. 1997.

Schmidts, Hermann (2008): Usability Evaluation: Identifizierung von Nutzungsproblemen mittels Eye-Tracking-Parametern. 2008.

Schweibenz, Werner / Thissen, Frank (2002): Qualität im Web - Benutzerfreundliche Webseiten durch Usability Evaluation. 2002.

Wedra, Andreas (2013): IT-basierte Managementunterstützung: Künstliche Neuronale Netze zur quantitativen Prognose. 2013.

Wharton, Cathleen (1994): The Cognitive Walkthrough Method: A Practitioner's Guide. 1994.

Wottrich, Torsten (2007): Diplomarbeit. Entwicklung, Implementierung und Test eines Neurona-len Netzes nach dem Back-propagation- Prinzip zur Klassifizierung von Ultra-schallsignalen des Kolbenpositionssensors Sono-control14. 2007.

Zabel, Thomas (2015): Die Eignung Neuronaler Netze für die Mining-Funktionen Clustern und Vorhersage. 2015.

Ziegler, Wolfgang (2015): Neuronale Netze. 2015.

Internetquellen

Behr, Thomas (Jahr unbekannt): Neuronale Netze. Komponenten neurona-ler Netze. Der Netz-werkgraph. In. http://www.thomas-behr.de/studium/neuronale_netze/NN_Aufbau.html.

DIN (1998): DIN Deutsches Institut für Normung e.V.: Ergonomische Anforderungen für Bürotä-tigkeiten mit Bildschirmgeräten - Teil 11: Anforderun-gen an die Gebrauchstauglichkeit; Leitsätze (ISO 9241-11:1998).

Jotz, Melanie (2016): Fragebögen als Ergänzung des Usability Tests, In: Forschungsbeiträge der eResult GmbH. In: http://www.eresult.de/ux-wissen/forschungsbeitraege/einzelansicht/news/frageboegen-als-ergaenzung-des-usability-tests/.

Kriesel, David (Jahr unbekannt): Ein kleiner Überblick über Neuronale Net-ze. In: http://www.dkriesel.com/_media/science/neuronalenetze-de-zeta2-1col-dkrieselcom.pdf.

Lackes, Richard / Siepermann, Markus (ohne Jahr): Springer Gabler Verlag. Gabler Wirtschaftslexikon, Stichwort: Kohonen-Netze. In: http://wirtschaftslexikon.gabler.de/Archiv/78093/kohonen-netze-v9.html.

Ohne Autor (Jahr unbekannt) In: Neuronale Netze. Eine Einführung. Druckversion der Internetseite www.neuronalesnetz.de.

Russell, Ingrid (1996): In: The Pattern Associator. http://uhaweb.hartford.edu/compsci/neural-networks-pattern-associator.html. Anmerkung: eigene Übersetzung.

Stangl, Werner (2017): Hebb-Regel. Lexikon für Psychologie und Pädago-gik. In: http://lexikon.stangl.eu/17945/hebb-regel/.

Usability in Germany (UIG) e.V. (ohne Jahr): In: Fragebogen. Ziele. https://www.usability-in-germany.de/definition/fragebogen.

Wallner, Anna (2007): In: http://www.mathematik.uni-ulm.de/stochastik/lehre/ss07/seminar_sl/ausarbeitung_wallner.pdf. Neuronale Netze.

Willig, Hans-Peter (2010): In: http://www.biologie-seite.de/Biologie/Rekurrentes_neuronales_Netz.

Anhang

Fragebogen

Fragebogen – Erster Teil

Fragebogen - Erstellung von neuronalen Netzen mithilfe der Software MemBrain

Demografische Daten

Bitte kreuzen Sie das zutreffende an.

Sie sind:	weiblich		männlich	

Altersgruppe:	20-39 Jahre		40-65 Jahre	

Höchster Bildungsabschluss:	Mittlere Reife		Berufsabschluss	
	Abitur		Studienabschluss	

Ausgeübter Beruf:	

Besitzen Sie Vorkenntnisse im Thema Elektrotechnik und Neuronale Netze?	PC		Laptop	
	Smartphone		Tablet	

Wie oft nutzen Sie das Internet und/oder Apps?	täglich		wöchentlich	
	monatlich		fast nie	

Fragebogen – Zweiter Teil

Fragebogen zum Thema:

1. Welche Probleme gab es beim Benutzen des Programmes?
   a. Installation
   b. Anwendung
   c. Bestimmte Einstellungen
2. Konnten Sie das Problem selbstständig lösen?
   a. Selbstständig
   b. Nutzung von Tutorials
   c. Nutzung von Suchmaschinen
3. Welche Erwartungen haben Sie an das Programm?
   a. Aufbau, Menüführung, Hilfe-Button
   b. Übersichtlichkeit
   c. Zeit (etwa genaue Angabe)
   d. Wiedernutzung
   e. Kostenlos
   f. Vorhandensein von Hilfen sinnvoll?

Ich bedanke mich für Ihre Teilnahme.
Ich versichere Ihnen vollständige Anonymität ihrer Daten und Antworten.

Anhang

Beobachtungsprotokoll

Beobachtungsprotokoll

Untersuchungsgegenstand:
Erstellung neuronaler Netze mit MemBrain

Beobachter: _____

Datum: _____

Probandennummer: _____

	Erfolgreich? ✓	Nicht erfolgreich? (Grund) ✗	Bemerkungen
Aufgabe 1:			
Aufgabe 2:			
Aufgabe 3:			